汉唐女性化妆史研究

主编　田艳霞
副主编　马亚玲　邱云飞　孙良玉

黄河水利出版社
·郑州·

图书在版编目（CIP）数据

汉唐女性化妆史研究 / 田艳霞主编. — 郑州：黄
河水利出版社，2018.12
ISBN 978－7－5509－2139－9

Ⅰ. ①汉… Ⅱ. ①田… Ⅲ. ①女性–化妆–历史–中
国–汉代②女性–化妆–历史–中国–唐代 Ⅳ.
①TS974.12–092

中国版本图书馆 CIP 数据核字（2018）第221223号

组稿编辑：张　倩　电话：13837183135　QQ：995858488

出　版　社：黄河水利出版社　　　　　　网址：www.yrcp.com
　　　　　　地址：河南省郑州市顺河路黄委会综合楼14层　邮编：450003
发行单位：黄河水利出版社
　　　　　　发行部电话：0371-66026940、66020550、66028024、66022620（传真）
　　　　　　E-mail：hhslcbs@126.com
承印单位：河南新华印刷集团有限公司
开本：890 mm×1 240 mm　1 / 32
印张：6.5
字数：210 千字　　　　　　　　　　　印数：1—1 000
版次：2018 年 12 月第 1 版　　　　　　印次：2018 年 12 月第 1 次印刷

定价：35.00 元

前　言

　　在我国文化的历史长河中，女性化妆习俗和其他风俗习惯一样，也是一个"长期相沿积久成俗的社会风尚，是人类社会物质生活和精神生活的形式，是一定时代、一定社会群体的心理表现"，❶ 属于风俗文化中审美风俗的一部分。其发展变化，既受到政治制度、物质生产、生活方式的影响，又受到文化发展、思想观念、民族、地区间交流、礼俗、宗教，以及审美意识的制约，当然也与科学技术、美容方药的发展有密切的联系。

　　我国的化妆风俗萌芽于原始社会，形成于春秋，发展于秦汉，魏晋南北朝是其发展进程中的一次高潮，出现了许多新型化妆样式和新的化妆技术。汉唐时期，是我国封建社会的盛世，也是我国古代女性化妆的鼎盛阶段。宋元明清时期，理学大昌，化妆风俗进入其传承期，虽然也有流变，但并不能超越唐代。妆饰习俗是社会文明发展到一定阶段的产物，也是社会生活的一面镜子，其变迁的历史，反映了不同时代、不同地区、不同民族的人们思想观念的更替与社会风俗的变化。

　　汉唐时期，政治稳定、经济发达，文明化程度更高，地区间、民族间交流频繁，在那一时期独有的兼收并蓄的恢宏气度、积极开发的进取精神的影响下，女子化妆习俗也异于别的朝代。近年来，大量的出土文物也为此方面研究提供了丰富的资料，本书力

❶　韩养民．中国风俗文化学［M］．西安：陕西人民教育出版社，1998.

图从女性研究、风俗文化、古代美容方药的发展等角度出发，以女子化妆为主线，以考古资料和文献资料相互印证，全面反映汉唐时期女性的化妆习尚，以及从中折射出的当时女性独特的生活风貌，并凸显出妆饰这一独特审美民俗丰富多彩的内涵。

本书共分为八章内容。第一章就面妆的历史进行论述。通过文献记载及考古资料分析可知：化妆习俗萌芽于先秦，发展于秦汉、魏晋南北朝，鼎盛于隋唐，其后是传承期。

第二章具体介绍了汉代女性的审美观。汉代社会普遍存在着"相对公认"对人类自身美的标准，也就是汉代的审美观念，在女性化妆习俗上表现得特别明显。

第三章详细描述了汉代女性的面妆。在先秦化妆习俗的基础上，汉代女性开始形成了粉妆、眉妆、唇妆等一系列的面部妆饰。尤其是胭脂在中原地区的使用，可谓化妆史上的一次革命，从此以后，"红妆"成为女子最基本的妆饰。

第四章描述了汉代女性的发饰和服饰。发饰和服饰也是女性美化自身非常重要的一个方面，汉代国家一统、政治稳定，物质相对丰富，为女性发饰、服饰的发展创造了客观条件。

第五章详细描述了唐代面妆的基本情况。在继承汉魏女性化妆风俗的基础上，唐代先后出现了粉妆、眉妆、眼妆、胭脂妆、唇妆、额黄、花钿、妆靥及斜红等九种妆饰。而额黄、花钿、妆靥、斜红在唐代十分盛行，最具时代特色。本章还指出，唐代女性处在我国封建社会中最繁荣的时代，化妆习俗也由先秦的素雅"白妆"，发展到浓艳"红妆"、奇异"胡妆"等，可以说是封建社会女性化妆的一个鼎盛阶段。

第六章论述了唐代女性化妆风俗的特点：即浓艳性、民族性、流行性和时代性。其中，胡妆盛行于唐，也是那时习俗开放的明证。

第七章全面探讨了影响汉唐时期女性化妆习俗的因素。经济、政治的高度发展，文化习俗的开放，民族间、地区间交流的空前活跃，女性所受拘束较少、自信心的增强，儒、道、佛三教的兴盛，文化艺术的繁荣，以及独特的审美趣味都在不同程度上影响到女性面妆习俗。

　　第八章介绍了古代美容方药的发展情况。我国古代女性的美容化妆习俗，是以往学者较少涉足的研究领域。化妆是个宽泛的概念，它包括发饰、面部妆饰、首饰、衣饰、奁具、香料等一切人类美化自身的行为，而本书所论的化妆是一个比较狭义的范围，主要论述的是女性的面部妆饰，也兼及一些发饰和服饰，揭示了古代女性美容化妆的审美意识、审美趣味的渊源和发展轨迹。

编　者

2018 年 10 月

目录

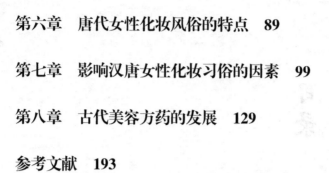

第一章
面妆的历史

一、先秦时期
——面妆的萌芽期

当山顶洞人第一次把经赤铁矿染过的、呈红色的钻孔小砾石、石珠、犬齿及刻沟的骨管等串在一起，戴在颈上时 **❶**，美的观念在原始人的意识中就朦胧产生了。这种审美观念导致了他们美化自身的行为，在我国发现的新石器时代洞穴的壁画上，女子的脸上，很明显地可以看出都涂着红土的颜色。**❷** 当然，审美因素不是面妆产生的唯一原因，我们也应该看到面妆习俗的形成与生产生活、思维发展、巫术和祭祀的密切关系。在原始社会，人们因生存环境恶劣，备受生命无常之苦，进而产生了对天、地、山、川、日、月、风、雷……等的敬畏，萌发了冥冥之中一定有一种强大力量支配着一切的观念，人们试图与之沟通。在这种场合，他们把一种最醒目、最有代表性的颜色作为特殊的媒介，涂抹在自己的脸部与身体上，以表达虔诚的心情，更表示以勇敢来抗衡邪恶，这种颜色很可能是红色。红色由于它的亮丽鲜明、它的酷似鲜血，被原始人类所偏好。赤血创痕，可在敌人面前夸其勇敢，异性面前炫其威武，"红色是一切野蛮人非常喜爱的颜色"。除了以上几种因素，在脸上或身体上涂以色彩符号还常常被用来表示部族、阶层、婚姻状况、所属集团、战功等。化妆习俗的起源是极其复杂的，不完全是由单方面的因素所决定的，也不仅限于女性审美。因为在这个时候，男女两性完全平等，"女性不仅居于自由的地位，而且居于受到高度尊敬的地位。"因此来说，此时原始人装扮自身的行为，还不是真正审美意义上的化妆。

后世意义上的化妆，是进入阶级社会才出现的。由于缺少相

---

❶ 贾兰坡."北京人"的故居 [M].北京：北京出版社，1958.

❷ 陈丽菲.妆饰：审美的流动 [M].上海：上海文化出版社，1997.

第一章　面妆的历史

3

关的资料，化妆出现的具体年代至今难以确考。1976年在河南安阳殷墟妇好墓出土的商代武丁时期宫廷贵族女性的生活用具中，除了铜镜、梳子、耳勺、匕等，还出土了一套研磨朱砂用的玉石臼、杵以及调色盘样的物品。臼为白色硅质大理岩材质，内壁呈朱红色，晶莹光泽，亮如镜面，显然系长年累月使用所致。臼的孔周、口面和色盘上均粘有朱砂。这些足以说明我国女性对面部进行装饰的习俗至晚在商代已经出现了。❶

先秦时期，是化妆风俗产生的萌芽时期。由于物质条件所限，当时的化妆用品还比较少，"脂、泽、粉、黛"是主要的化妆用品。《韩非子集·显学》篇中就有"脂以染唇，泽以染发，粉以敷面，黛以画眉"的具体描述。"脂"并不是后来出现的红色胭脂，而是一种无色、可以保护皮肤的护肤品，类似于今日的雪花膏、油脂之类。它也是我国文献中最早出现的化妆词语。《诗经》中有"手如柔荑，肤如凝脂"和"尔之亟行，遑脂尔车"等可以印证，《礼记·内则》中也有"脂膏以膏之"之句，孔颖达注疏曰："凝者为脂，释者为膏"。由此看来，脂就是动物体内或油料植物种子内的油脂（从字形上看，以动物类的油脂居多），先民们以此涂抹身体和面部、唇部皮肤，以减少日晒风吹的伤害。因此，它的使用对象，应该也不仅限于女性。粉黛之所出，均未见于正史记载。《太平御览》引《墨子》曰"禹造粉"，晋代张华《博物志》曰："纣烧铅锡作粉"，宇文士及的《妆台记》写道："周文王......傅之铅粉。"宋人高承《事物纪原》亦曰："周文王时，女人始傅铅粉"。这些记载都把粉的发明或归之于大禹，或归之于商纣王，或归之于周文王，但这都是后人的臆测，并没有任何确切的证据。《山海经》曰："女儿之山，其上多石涅"。石涅即石墨，也即黛石。由此可见，关于先秦时期粉黛之类化妆品的记载并不少，但对于发明的时间、地点和原料并没有统一的说法，也多为后人推测之语。然而，先

❶ 汪维玲，王定祥.中国古代女性化妆[M].西安:陕西人民出版社，1991.

民在实际的劳动生活中，发现某种矿物或植物具有美白、妆饰之功能，久而久之，把它作为女性的化妆用品也是完全有可能的。

先秦文献典籍《战国策·楚策》曰："彼周郑之女，粉白黛黑，立于衢闾"。❶《楚辞·大招》曰："粉白黛黑，施芳泽只。长袂拂面，善留客只。"❷描绘了先秦时期女子的妆容，都用了"粉白黛黑"之语，可见当时女子装饰以素雅的白妆为主。换言之，就是先用油脂涂面，均匀地抹上白粉，然后再用石黛描画出长长的蛾眉。"手如柔荑，肤如凝脂，领如蝤蛴，齿如瓠犀，螓首蛾眉，巧笑倩兮，美目盼兮"❸就是当时美人的具体形象。上文提到的朱砂是一种矿物质原料，发掘和研磨起来都比较麻烦，普通百姓并不具备这一条件，所以当时脸上抹红的习俗并不太盛行，也就是说后世盛行的"红妆"还没有出现。当然，这也和先秦审美观比较质朴，不太重视人工雕琢有关。春秋战国时期的文学作品描写美丽女子多从总体形象落笔，并不像后世描写美女，注重细节妆饰的描写，比如我国最早的诗歌总集——《诗经》正是如此。我们从《诗经》的一些篇章中可以看出这一鲜明特点，例如《关雎》中让君子辗转反侧、夜不能寐的"窈窕淑女"，《邶风·静女》中温柔娴静的"静女其姝""静女其娈"，《陈风·月出》中的"佼人僚兮，舒窈纠兮"，《郑风·野有蔓草》中的"有美一人，清扬婉兮"，都是用一两个字就非常形象生动地给我们勾勒出一个美丽女子的样貌。可见，《诗经》对女性的审美是一种健康的、充满生机的自然美。这种对于健康、充盛、富有生命力的女性美的追求，不仅仅是下层劳动者的审美标准，也是贵族阶层的审美趣味。女性相对来说是自由的，她们对美、对爱情可以大胆热烈地追求，整个社会也鼓励了这种风俗。《周礼·媒氏》篇中就对此有记载"仲春之月，令会男女。于是时也，奔者不禁，若无故而不用令者，罚之。司男女之无家

❶　（汉）刘向.战国策[M].上海：上海古籍出版社，1998.

❷　王泗原.楚辞校释[M].北京：人民教育出版社，1990.

❸　袁行霈.历代名篇赏析集成[M].北京：中国文联出版社，1998.

第
一
章

面
妆
的
历
史

夫者而会之。" **❶**

　　然而，先秦时期，女性也经历了由审美主体向审美客体转化的过程，其审美主体地位的丧失是社会发展的必然结果。原始社会时期，女性的生育之美、创造之美和奉献之美是人们所讴歌赞美的对象，可是，随着父权制婚姻家庭结构以及与此相适应的社会规范、性别分工格局的确立，女性地位也相应地发生了根本性的转变。权力和地位决定了男性主宰女性美的程度，"女为悦己者容"的思想和行为的出现，正是女性接受和认同被客体化、被物化的一种表现。从此，女性成了被禁锢在家庭内部的审美客体，我国传统意义上的以柔顺、含蓄、安静、内敛为特征的女性美也逐渐形成了。因此，化妆风气日渐兴盛。

二、秦汉时期
——面妆的发展期

　　秦汉时期，国家一统、政权稳定、文化多元，秦文化是以中原文化为正宗，楚文化为旁系的多元文化；而汉初统治者皆来自楚地，汉文化则是偏重楚文化的多元文化。楚文化中的原始巫术信仰和浪漫主义精神，对汉代女性美产生了重要影响。汉代画像砖、画像石上长袖曼舞或吹筝弹笙的女子，都细腰袅袅、轻盈欲飞，颇具楚人特征。对于汉代女性来说，皮肤以洁白细腻或白里透红为美，唇以朱红为佳，齿以洁白为美，颈以修长为佳。故刘安的《淮南于·修务训》曰"曼颊皓齿，形夸骨佳，不待脂粉芳泽而性可说者。"高诱注曰："曼颊，细理也"，强调的是女子皮肤肌理的细致、光滑。张衡《思玄赋》中说"离朱唇而微笑兮，颜的砺以遗光。"唐代李贤对此做注曰："的砺，明也。遗光，言光彩射人也。"也是说女子因为肤白唇红而容貌出众，光彩照人。考古发现马王

---

❶ 陈戍国.周礼·仪礼·礼记 [M].长沙：岳麓书社，2006.

堆一号汉墓出土的侍女木俑皆朱唇黑眉，面容清秀，女歌俑则面敷白粉，❶女子朱唇黛眉，皮肤白皙正是现实生活的展示。化妆已经成为一种越来越普及的日常行为，妆式也多种多样，渐趋活跃，使得一些正史也不能不对此有所涉及，《汉书·张敞传》"（张敞）又为妇画眉，长安中传'张京兆眉怃'。"《后汉书·马援传》也引用了当时的民谣"城中好高髻，四方高一尺。城中好广眉，四方且半额。城中好大袖，四方全匹帛。"这些都是日常化妆习俗在社会上的映射。

在这种社会风俗的影响下，人们美化自身的愿望也很强烈，汉人极其注重妆饰自身。粉仍是最基本的化妆品，当时的粉有金属类的铅粉和植物类的米粉两种。东汉许慎《说文解字》中有"粉，傅面者也，从米，分声。"说的是米粉。铅粉是以铅化解后调以豆粉而成，因是以铅粉、油脂调和而成的糊状，故又称胡（糊）粉。它的出现，和道家炼丹有关。汉魏之际，道家炼丹盛行，铅粉在此时被大量使用也绝非偶然。张衡《定情赋》中"思在面而为铅华兮，患离神而无光。"曹植《洛神赋》中也有"芳泽无加，铅华弗御。"之句，刘勰《文心雕龙·情采》中用到了"夫铅华所以饰容，而盼倩生于淑姿。"这些文学作品都提到了"铅华"，在语言文字中，一个新的词汇，往往伴随着新概念或新事物的出现而诞生。"铅华"一词在汉魏之际文学作品中多次被应用，应该是"铅粉社会"存在的真实反映。除了白粉，汉代还出现了新的化妆品——红粉，当时称"赪粉"。汉代刘熙《释名》解释这种红粉说，"赪粉，赪，赤也。染粉使赤以著颊上也。"很直接地指出了红粉的用途是敷面。在汉代，女子化妆使用红粉，是因为此时中原地区出现了一种很重要的化妆品——胭脂。崔豹《古今注·草木》称："燕支，叶似蓟，花似菖蒲，出西方，土人以染，名为燕支。中国人谓红蓝，以染粉，为妇人面色，谓为燕支粉也"。也就是说，此时从匈奴地区传入了一种植物——燕支（汉人称之

❶ 张广立. 漫话西汉木俑的造型特点[J]. 文物, 1982（6）: 7, 9.

为红蓝），从中提炼可以做成胭脂，用以染色，白色的粉就变成了红色。胭脂的使用是化妆史上的一次革命，红蓝花汁提炼出的胭脂，制作起来较中原汉族女性原来涂红所用的朱砂简单方便，且胭脂带油性，其色鲜明，染之不落，也可调和深浅之色，敷脸抹唇均可，使用亦极方便。唇妆因此在这一时期迅速流行，汉代人非常喜欢涂抹艳丽娇小的红唇。胭脂一经使用，便沿用到清，直到现今。自此之后，在面部的白粉上施红晕朱，也即红妆，就成为我国古代女性最基本的妆饰了。

汉代女性画眉之风颇盛，传统的蛾眉仍是一种很流行的眉式。长沙马王堆帛画中之轪侯妃，虽年龄已老，但画的仍是长蛾眉。《汉书》中记"明帝宫人拂青黛蛾眉"。是说汉武帝宫中描画的是一种眉头抬高、眉梢压低，形如"八字"的八字长眉，今天我们可以从湖北云梦大坟头西汉墓出土的木俑上看到这种眉式。远山眉，始于卓文君，以眉色命名，《西京杂记》卷二言"文君姣好，眉色如望远山。"《玉京记》言"卓文君眉不加黛，望如远山，人效之，号远山眉。"后来赵合德仿文君"为薄眉，号远山黛。"东汉时，眉式更加多样，有愁眉、广眉。

秦汉时期，社会生产力显著提高，物质相对丰富，以芳香物品来辟邪、清洁的习俗也很流行。据应劭《汉官仪》所载，汉代郎官上朝奏事时，为了使口气芬芳，都口中含有鸡舌香。马王堆辛追墓的陪葬品中有茅香、高良姜、桂皮、花椒、辛夷、藁本、姜、杜衡、佩兰等九种香料，分别放置在不同的地方。有一个绣花枕头，里面装的全是佩兰；有四个绣花香囊，也全部装满香料药物，其中一个装的是茅香，一个装的是花椒，其余两个装的是茅香配辛夷。有一个在出土时编号为252的竹笥，里面装的全是茅香。有两个熏炉，一个装着茅香、高良姜、辛夷、藁本四种药物，另一个装着已经燃烧并炭化了的茅香，还有六个用绢做成的药袋子，一个装着花椒，另外五袋装着花椒、茅香、桂皮、高良姜、姜等多种药物，有的袋内还装有藁本、辛夷和杜衡等。令人感兴趣的是，这位贵妇手里紧握着两个小绢包，里面也装有花椒、茅香、桂皮和高良姜等八种药物，这很可能是她的家人为她在阴间准备的供不时之需的药物。专家们认为，这些药物大多含有挥发油，从加工和分装来看，它们可能有两种用途，一是用作香料，以茅香"辟秽"；一是治疗丞相夫人生前患有的几种疾病。可见在两千多年前，人们已经意识到，香料具有防腐、杀菌的清洁作用了。

三、魏晋南北朝时期
——面妆的高潮时期

魏晋南北朝时期，是我国历史上一段极度震荡的时期，战乱频繁，政权更迭，风俗陵替，表现在化妆上的变异性相应也比较强。面妆上的额黄、花钿、斜红、紫妆等，现在看来较为怪异的妆饰都在此时出现。它的起因，可能与当时社会普遍信奉佛教的风气有关。南北朝时，佛教在我国广泛传播，所谓"南朝四百八十寺，多少楼台烟雨中"❶正是这一社会风气的生动写照。人们广开石窟，大塑佛像。佛像安详端庄的面容，借助金粉的明亮辉煌，给了动荡不安社会中的人们一种安慰，久而久之，自然形成了一种风气。女性仿照佛像，也以黄色装饰自己的面部。史书中也有相关的记载，据《隋书·五行志》记载"后周大象元年……朝士不得佩绶，妇人墨妆黄眉。"女性额部涂黄，就是这一时期流行起来的一种风习。额黄也被称作"鹅黄""额山""鸦黄"等，因为是以黄色颜料染画额间，故名"额黄"，也称"鹅黄"；又因为黄色厚厚堆积额头，状如小山，所以也有"额山"的名称；到了唐代，又出现一种专蘸鸦黄色颜料涂染额间的，被称之为"鸦黄"。额黄的涂染方式，有满额和半额的区分。这种很有特色的妆饰，一直沿袭至唐代，颇为流行。南朝梁简文帝的《戏赠丽人》诗："同安鬟里拔，异作额间黄。"唐李商隐《蝶三首》诗："寿阳公主嫁

❶ （唐）杜牧，《江南春绝句》《全唐诗》卷五二二。

时妆，八字宫眉捧额黄。"描写的都是这种独特的妆饰。

　　这一时期，美的观念也由质朴发展为富丽，使用红粉的范围较以前增多，在诗歌中也多有所反映，如梁元帝《咏歌诗》："汗轻红粉湿，坐久翠眉愁。"南朝梁刘孝绰的诗："不见青丝骑，徒劳红粉妆"。东晋王嘉《拾遗记》卷七记载魏文帝美人薛灵芸拜别父母入宫，路上泪流不止，用玉唾壶承泪，到京师时，壶中泪凝如血。"泪凝如血"想来是因为泪水沾染了脸上的胭脂导致的。南北朝时期，人们又在红蓝花等植物做成的胭脂中加入了牛髓、猪胰等动物油脂，使其成为一种稠密润滑的脂膏状物体，从此以后，"燕支"真正成了"胭脂"。除了红粉，此时还发明了"紫粉"。魏文帝宫人段巧笑以米粉、胡粉掺入葵花子汁，合成"紫粉"，以此敷面，异于众人，得到皇帝的青睐。我国古代尚紫，以紫色为祥瑞之色，皇帝所居之宫称紫宫、紫庭，达官显贵则紫衣紫绶，因此紫粉的发明也是迎合了社会的需要。贾思勰的《齐民要术》中记载了紫粉的制法："用白米英粉三分、胡粉一分（不著胡粉，不著人面）和合均调。取落葵子熟蒸、生布绞汁，和粉，日曝令干。若色浅者，更蒸取汁。重染如前法。"落葵，又名天葵、胡燕脂、藤儿菜、滑藤、西洋菜、燕脂菜、胭脂豆、染绛子等，为一年生草本植物，果实圆小，熟时紫黑色，古人榨取其果汁加入粉中用作面脂。贾思勰对此又解释曰"不著胡粉，不著人面"。也就是说，如果制作紫粉的时候不加入胡粉，化妆的时候就不容易黏附在脸上，可见这种紫粉确实是妆面所用。到了唐代，这种妆法也还在流行，李贺诗句"青鸾立铜镜，胭脂拂紫绵"描写的就是这种妆饰。由于社会上粉的使用量较大，脂粉买卖利润很大，官府也开始插手这一行业，以至于出现了与民争利的现象。为此，魏中书监刘放特意上书皇帝（今官贩卖胡粉，与百姓争锥刀之末利，乞宜停之。）。

　　魏晋南北朝时期，眉式仍因循正统的蛾眉与长眉。南朝梁徐陵《玉台新咏·序》曰："南都石黛，最发双蛾；北地燕支，偏开两靥。"《妆台记》中叙"魏武帝令宫人扫黛眉，连头眉，一画连心细长,谓之仙蛾妆;齐梁间多效之。"《中华古今注》亦云"魏宫人好画长眉,令作蛾眉惊鹄髻……梁天监中,武帝召宫人作白妆青黛眉。"此时,广眉也仍然流行,梁简文帝《美人晨妆》中"散黛随眉广,燕脂逐脸生"指的就是这一眉形,在顾恺之的《女史箴图》和《列女图》上可以看到此种眉形。描画眉毛所使用的主要还是黛,当时有青黛、石黛、铜黛、青雀头黛之分。植物类的黛称为青黛,也名靛花、青蛤粉,是在一种"蓝"(包括蓼蓝、菘蓝、马蓝、木蓝)的植物中所提取的色素,色青黑。我国很早就用"蓝"类植物做染料,《周礼·地官》:"掌染草:掌以春秋敛染草之物。"郑康成注曰:"染草,蓝、蒨、象斗之属",贾疏:"蓝以染青,蒨以染赤,象斗染黑"。铜黛是一种铜锈状的矿物质。此时由于交通的发达,中外贸易也很频繁,青雀头黛就是一种深灰色的、质地优良的画眉材料,在南北朝时由西域传入。北凉统治者沮渠逊曾向南朝的宋王朝进献青雀头黛百斤。

魏晋时期,女性沿袭前代传统,仍以一头乌黑浓密的头发为美。如果女性自身的发质不那么好,就需要佩戴假发。因此,在东晋太和年间,贵族士大夫阶层的女性均把佩戴假发当作盛妆,一时竟成了上下争相追趋的时尚。《宋书·五行志二》记载:"晋海西公太和以来,大家女性,缓髻倾髻,以为盛饰。用发既多,不恒戴。乃先作假髻,施于木上,呼曰假头。人欲借,名曰借头。"也就是说,假发平常不戴时,放置在木或竹制的笼子上。假发和人的脑袋很相似,所以又被称为"假头"。一些民间女子,因为家里经济条件有限,不能自备假发而在需要的时候去向人借,结果就有了"自号无头,就人借头"的趣闻。

四、隋唐时期

——面妆的鼎盛时期

隋唐时期是我国封建王朝的鼎盛时期，唐王朝时的中国成为当时世界上最为富庶和高度文明的大国。国家的一统，经济的繁荣，思想的开放，文化的发达，中外交通的频繁，民族文化的融合，反映在社会生活的各个方面都很活跃，女性在化妆上也开放包容，新样迭出。唐代女性面妆在继承汉魏女性面妆风俗的基础上，形成了各种新奇的妆饰，如粉妆、眉妆、眼妆、胭脂（或红妆）、唇妆、额黄、花钿、妆靥及斜红等妆饰。

除了传统的以白粉饰面，唐代特别喜欢浓艳的"红粉"妆，成为一种流行时尚。后唐马缟《中华古今注》中说杨贵妃"作白妆黑眉"，宫中人反倒将此认作新的化妆方式，称其为"新妆"，难怪唐代诗人徐凝描写道："一旦新妆抛旧样，六宫争画黑烟眉。""新妆"是"白妆"，那以往流行的"旧样"自然是"红妆"了。唐代的开放浪漫，不仅表现在政治、思想、文学、艺术上，也渗入了眉妆这一日常生活细节中，令其变幻莫测，达到登峰造极的程度，在化妆中占有首席地位，隋唐时期的统治者都极其热衷画眉。唐代总体上以嘴小为美，即"樱桃樊素口，杨柳小蛮腰"，唐代诗人岑参在《醉戏窦子美人》中所说："朱唇一点桃花殷。"也即"樱桃小口"。

总之，在我国封建社会中最繁荣的时代，政治经济的发展带来了文化艺术的繁荣，民族融合过程中带入的少数民族的观念与习俗，以及武则天当政期间施行的一些重视女性的措施，都促使这一时期女子思想开放，追求新奇的妆束远远超过了历朝历代。还有诸多因素，如统治阶级的导向作用、宗教的影响等，也都对女性化妆风俗起了推动作用。女子面饰化妆在先秦原有的基础上又有许多创新与发展，由初期的素雅"白妆"，发展到唐时的浓艳"红妆"、奇异"胡妆"等，我国古代女性化妆已完全成熟。唐以后，女性面妆日趋清秀、淡雅，进入其传承期。因此，可以说唐代是我国封建社会女子化妆史上的一个鼎盛阶段，唐代女性形象因妆饰的美化也更加光彩照人。

五、宋元明清时期
——面妆的传承时期

隋唐以后，理学渐兴，儒家的影响越来越大，对女性的束缚也越加严厉，当时社会对女性的要求是"内贞外静"。宋及其以后的审美观念也较前代有了很大变化，苏东坡的"发纤秾于简古，寄至味于澹泊"可以作为这种审美的代表，也就是当时追求的美，是用一种简单平淡的形式来表达绮丽浓烈的实质，从而造成回味无穷的效果。这种审美意识反映到社会生活中，也造成了女性服饰妆容上的铅华之气渐退，崇尚淡雅，讲求韵味。女性化妆也开始进入了传承时期，很少再有前代的求新求异之风。

粉仍然是最基本的化妆用品，除了用来饰面，宋代宫中女性还以白粉点眼角，名曰"泪妆"或"啼妆"。在两眼角下涂以白粉，好像哭过的泪痕一样，所以称之为"泪妆""啼妆"。其实，这种妆饰还是来源于唐代，唐代以白粉"施两颊"为"泪妆"，宋代则改为"点眼角"。因"泪妆"的样式可以显出忧戚伤心的意味，可以表达人的哀痛心情，所以宋及后世嫔妇常用此来作为妆饰。当然，红妆仍是最流行的妆饰，虽然见于正史记载不多，但形象资料却屡有发现，如辽宁法库叶茂台出土的辽董壁画、山西大同十里铺出土的辽墓壁画上所绘女性"双颊全涂红粉"，反映了当时的风尚，这种习俗也一直延续到后世。

宋元以后，由于生产技术的进步，越来越多的物品可以作为原材料用来制作妆面用粉了。比如在宋代，就有以石膏、滑石、蚌粉、蜡脂、壳麝及益母草等材料调和而成的"玉女桃花粉"；

在明代，则有用白色茉莉花仁提炼而成的"珍珠粉"，以及用玉簪花和胡粉制成玉簪之状的"玉簪粉"；在清代，则有以珍珠加工而成的"珠粉"，以及用滑石等细石研磨而成的"石粉"等。还有以产地命名的，如浙江的"杭州粉"（也称官粉)，荆州的"范阳粉"，河北的"定粉"，桂林的"桂粉"等。有的更是加入了各种名贵香料，使其具有沁人的香味。古代女性通常以粉扑沾染妆粉，然后再扑于相应部位。粉扑是以丝绵、绸之类的软性材料制成的。对于傅粉的方法，清初戏剧家李渔的见解颇为独到，他认为当时女性搽粉"大有趋炎附势之态，美者用之，愈增其美""白者可使再白""黑上加之以白，是欲故显其黑"，鲜明地道出了化妆与审美的关系。

宋代女性所用的妆粉，大多购于街市。经营粉黛之类化妆品的基本是小商小贩，有时官府也插手其间。市售的妆粉既有粉心，也有合粉，一般盛放在粉盒中，置于较大的妆奁内，以供日常所用。粉盒大多为圆形、椭圆形，也有方形、六边形、葵瓣形，亦有仿瓜果型的，均有盖。近年来，随着考古工作的深入开展，大批妆粉实物相继出土，有的盛放在精致的粉盒中，有的放置在丝绸袋子里。最有特色的是从福建福州出土的南宋妆粉，被制成特定形状的粉块，有圆形、方形、四边形、八角形和葵瓣形等，上面还压印着凸凹的梅花、兰花以及荷花纹样，显示了古人的精巧心思。

古代饰眉的材料随着时代的发展而一直在变化着，概括来说，主要是石黛和烟墨两大类。一般贫家之女没钱购买画眉用品，常常用烧焦后的柳枝直接涂画眉毛。到了宋代，画眉主要使用的是画眉墨。关于画眉墨的制作方法，宋人笔记中也有叙述，例如《事林广记》中记载，用"真麻油一盏，多着灯心搓紧，将油盏置器水中焚之，覆以小器，令烟凝上，随得扫下。预于三日前，用脑麝别浸少油，倾入烟内和调匀，其墨可逾漆。一法旋剪麻油灯花，用尤佳。"这种烟熏的画眉材料，到了宋末元初，则被美其名曰"画眉集香圆"。元代之后，宫廷女子的画眉之黛，全部选用京西门头沟特产的眉石，到了明清也还是如此。

隋唐时期面部的独特装饰，如额黄、斜红等在宋元以后很少出现，但花钿却得到了这一时期女子的喜爱。宋代花钿大多为金黄、翠绿、艳红三色，可以粘贴在额头、鬓角、两颊、嘴角、酒窝等处，可单用一个，也可以多个并用，视各人需要而定。因其所贴部位、颜色及制作材料不同，花钿又有"折枝花子""茶油花子""花胜""花黄""罗胜""花靥""眉翠""翠钿""金钿"等不同称谓。宋代花钿大多是和脂粉一类物品在街上售卖的，然而，许多女性更喜欢自己制作，明陶宗仪《说郛》卷七七引《妆台记》曰："宋淳化间，京师女性竞剪黑光纸围团靥。又装缕鱼腮骨，号'鱼媚子'以饰面，皆花子之类。"做花钿的材料丰富多样，有金箔、彩色光纸、绸缎、云母片、蝉翼、鱼骨、鱼鳞、茶油花饼等，最有意思的是，甚至连蜻蜓翅膀也能用来做花钿。宋陶谷《清异录》记载"江南晚季，建阳进'茶油花子'，大小形制各别，极可爱。宫嫔缕金于面，背以淡妆，以此花饼施于额上，时号'北苑妆'。后唐宫人或网获蜻蜓，爱其翠薄，遂以描金笔涂翅，作小'折枝花子'，金线笼贮养之。尔后，上元赏花者取象为之，售于游女。"可见古代女性的化妆方式不仅丰富，而且别出心裁，充分体现了她们对美的追求。花钿的形状除了传统的花状，还有鸟、鱼、鸭等，新颖别致。粘贴花钿的胶水，主要是呵胶，产于辽东一带，相传由鱼鳔制成，其胶黏性极佳，可用来胶合羽箭。宋孔平仲《孔氏谈苑》："契丹鸭渌水牛鱼鳔，制为鱼形，妇人以缀面花。"使用时，只需用嘴轻轻呵嘘即可，卸妆时以热水一敷，便可掀下。

宋时除了红唇，还流行用檀色点唇，檀色就是绛色。北宋词人秦观在《南歌子》中歌道："揉兰衫子杏黄裙，独倚玉栏，无语点檀唇。"这种唇色直到现在还非常受女孩子们欢迎。这一时期，制作胭脂的原料也越来越多了。我国古代医书中记载可用于制作胭脂的植物，还有蜀葵花、重绛、黑豆皮、石榴、山花及苏方木等。从这些本草中可以提取天然的红色素来制作胭脂，敷面涂唇均可。《红楼梦》第四十四回中有一段关于胭脂的描写，非常形象。这种胭脂"也不是成张的，却是一个小小的白玉盒子，里面盛着一盒，如玫瑰膏子一样。宝玉笑道：'那市卖的胭脂都不干净，颜色也薄。这是上好的胭脂拧出汁子来，淘澄净了渣滓，配了花露蒸叠成的。只用细簪子上挑一点儿抹在手心里，用一点水化开抹在唇上；手心里就够打颊腮了。'平儿依言妆饰，果见鲜艳异常，且又甜香满颊"。明人的《正字通》云："燕脂，以红蓝花汁凝脂为之……后人用为口脂。"清时统称为胭脂，既涂唇又抹脸。此文中宝玉拿出一个盛了上好胭脂的白玉盒子，给平儿妆唇抹脸，就是一个明显的例子。

唐代以后，女性飒爽明丽之风已渐渐消失，妆饰风格发生了很大变化，但涂脂抹粉的基本化妆习俗始终不衰，直到明清时亦然，体现女性的纤弱秀丽，成为这一时期的妆饰主流。

第二章

汉代女性的审美观

1972年，湖南省长沙市东郊发掘出土了著名的"马王堆"汉墓，其中一号墓出土的、保存完好的女尸受到了全世界的关注，她就是轪侯利苍的夫人辛追。根据医学专家对尸体的检验，辛追去世时的年龄大约为50岁。她生前过着十分阔绰的生活，很注重化妆美容，每天都要梳妆打扮，这从一号墓出土的一系列相关的梳妆用具和化妆用品可以得到佐证，也给我们展示了汉代贵族女性日常化妆的情况。

　　辛追墓出土的化妆用具主要有一个双层九子奁，同时出土的竹简把它称作"九子曾检"，用现代的话说，就是九子盒。它的盖和四壁是夹纻胎（麻布胎），双层底用的是硬木胎。盒分上下两层，上面有一个圆盖，奁盒外表黑褐色，褐色外面还刷着一道很薄的金粉，其中还含有一定的银粉，所以叫清金漆。之后，再用油彩绘以黄、白、红三色云气纹，看上去鲜明华丽。打开盒盖，发现上层隔板上，放着手套、絮巾、组带和绣花镜套子，再揭开一层，发现造型颇为奇特：它的下层底板很厚，上面凿有九条凹槽，每条槽内放置一个小奁盒，形状各不相同，有的是椭圆形，有的是长方形，还有的是圆形或马蹄形，小奁盒上的花纹也各异，有漆绘的、油彩绘的，也有锥画的，甚至还有锥画和漆绘相混合的，人们不禁要问，这些小盒子是作什么用的呢？原来里面装的都是化妆用品，也就是我们今天常见的唇膏、胭脂、粉扑等。在两千多年前，胭脂和粉扑已有这样多的品种，可见那时化妆用品的生产已经很发达。放置化妆品的化妆盒已经如此精致华贵，更可见辛追夫人所用化妆品的昂贵精美。同时，这个墓中还有一个单层五子奁，里面除了五只小圆盒，还放着铜镜、镜擦子、镊、荆（小刷子）、笄（簪子）和木梳、木篦等各一个和一柄环首小刀，这些都是梳妆用具。梳、篦是用黄杨木做成的，刨削工整，分齿均匀，宽仅五厘米的木篦，竟有74齿，是用什么工具制作的呢？至今还是一个谜。盒内还有一盘假发，即现在的发套。女尸出土的时候头发漆黑，但头顶上秃去一块，所以其家人在入棺时，给她的头上盖了假发，这一盘可能是备用的，设想她到另一个世界

后，一旦头上的假发坏了，就可以把这个备用品拿来用。❶

不仅马王堆汉墓中出土有漆奁、梳子、篦子、镊子、笄和铜镜等化妆用具，云南晋宁汉墓也出土有漆奁3件，其中一件奁内装有6个盒子，有圆的，有方的，有椭圆的，有细长的等，6个小盒子放得很妥帖，恰好装满奁。小盒子里所盛之物都已化为灰白色的土，可能是梳具及脂粉等。其他2件奁内，各装有1面铜镜。❷正史中同样也涉及了贵族女性所用的化妆用品。《后汉书·皇后纪》记载汉明帝拜谒原陵"从席前伏御床，视太后镜奁中物，感动悲涕，令易脂泽装具。"即使太后已经去世，明帝还是让人定期更换她灵前摆放的"脂、泽、粉、黛"等化妆品及用具。可见化妆品已成为汉代女性最亲密之物，甚至成为怀念亲人的情感寄托，也说明汉代化妆风气之盛。

随着社会经济文化的发展，人类的审美意识也逐渐发展。汉代社会士人一般持"重德轻色"的审美取向，这不仅是男性对女性的审美要求，也已经内化为女性对自我的审美认知。但在实际生活中，人们却把对形式美的审美期望与女性紧密联系在了一起，"以色事人者，色衰而爱驰""士为知己者死，女为悦己者容""夫有尤物，足以移人"等这些先秦就已经流行的话语在汉代女性身上得到了鲜明体现。女性由于长期处于"被看""被审视"的被动位置，也使得"美"成为她们自我认同和自我关照的一种内在价值。然而可悲的是，在封建社会，"美"的判断标准却不是由女性决定的，它是以男性为中心的一种审美标准。传统意义上的所谓女性特征，并非是自足的，以自我为中心的女性特征，而是以男人为取向的，令男人喜欢，为男人服务，补充男人的，这种情形在男性选择婚配对象的时候表现得更加明显。

因此，汉代社会存在着相对公认的女性美的标准，也就是汉

❶ 侯良.神奇的马王堆[M].长沙：湖南人民出版社，2011.

❷ 云南省博物馆.云南晋宁石寨山第三次发掘简报[J].考古,1959（9）：459-461.

代的审美观念。如《后汉书·皇后纪》记载的东汉宫中的采女制度，"汉法常因八月算人……遣中大夫与掖庭丞及相工，于洛阳乡中阅视良家童女，年十三以上，二十以下，姿色端丽，合法相者，载还后宫，择视可否，乃用登御"。"长壮妖洁有法相者"就是当时主流的审美标准，而且还要有专门的相工对备选女子进行"阅视"，进行判断，"择视可否"。可见，在两性婚配过程中，容貌的美丑往往起着重要的作用。汉代初年，相人之术已经颇为流行，据考证，相人术的专书在汉代已经有很多，《汉书·艺文志》就著录有"《相人》二十四卷"。汉代初年的许负本是河南温县的一名普通妇人，以善于相面而被汉高祖封为"鸣雌亭侯"，这是历史上女性因自身才能而被封侯的不多的例子之一。我们熟知的武圣人关羽，武艺高强、能征惯战，也不过被封为"汉寿亭侯"，和许负所封级别一样，足见相貌在汉代人心目中的重要性。历史上托名为许负所撰之书不下十余种，如史籍中还特意记载了一则许负为汉惠帝皇后——张嫣相面之事。

"（许）负引女嫣至密室，为之沐浴，详视嫣之面格，长而略圆，洁白无瑕，两颊丰腴，形如满月；蛾眉而凤眼，龙准而蝉鬓，耳大垂肩，其白如面，厥颡广圆，而光可鉴人；厥胸平满，厥肩圆正，厥背微厚，厥腰纤柔，肌理腻洁，肥瘠合度；不痔不疡，无黑子创陷及口鼻腋足诸私病。许负一一将之书写成册，密呈太后及惠帝。帝览而大悦，随即册封为后。"

张嫣的面貌体态特征基本上可以作为汉代女性美的标准。汉代所选拔的"合法相者"的后妃，大体应该是这个样子的：身材颀长，身形丰满健康、不能太胖，也不宜过于瘦弱。乌黑浓密的头发。面色红润、两颊丰腴、肌理腻洁、洁白无瑕。宽广光洁的额头、高挺的鼻梁，耳朵大、耳垂长。同时还注重身体的洁净无瑕，"不痔不疡，无黑子创陷及口鼻腋足诸私病"。我们从出土的汉代陶俑和一些历史记载来看，也基本可以和此互相印证。

一、身材体态

身材颀长挺拔是我国传统的审美观,《诗经·硕人》诗中的"硕人其颀"即是非常典型的代表。《史记》中"前有楼阙轩辕,后有长姣美人""乃选齐国中女子长七尺以上为后宫"❶也记载了历史上的这种审美习俗。身材苗条修长仍然是汉时美女的基本条件,据史书记载,汉代后妃的身高基本都在汉尺七尺以上,惠帝张皇后、明帝马皇后、和帝邓皇后身长都是七尺二寸,文帝宠妃慎夫人、桓帝梁皇后、灵帝何皇后身长七尺一寸。汉代一尺折合现在的 23.1~23.9 厘米,身长七尺余,即现今身高 165 厘米左右的女子,被汉代视作身材美好者。❷汉代后宫选妃的标准之一是"长壮妖洁"。长,即颀长高大;壮,即健康有生机。唐玄应《一切经音义》卷十三引《三苍》:"妖,妍也。"《玉篇·女部》:"妖、媚也。"这里的"妖",是艳丽、妩媚、美好的意思。所谓"长壮妖洁",就是高大健康、艳丽而洁净之意。这一审美观念和宋代以后随着程朱理学的兴起,要求女性具有娇小柔弱、纤细守静之美是有很大区别的。总体来讲,先秦时期华夏民族以长大为美,"生而长大,美好无双""长巨姣美,天下之杰也。"老子曰:"域中有四大,道大,天大,地大,人亦大"都强调的是大而美。到了秦汉时期,中国传统哲学思想中以大为美的倾向就更加明显了,秦始皇兵马俑的宏大规模和汉代的煌煌大赋无不体现出了这一特质,司马相如在他的《上林赋》中就极力渲染了"巨丽"之美。一个国家或者民族,因时代、地域的不同,或者因经济、文化的差异,往往有着各自不同的审美观念及审美趋向,这种审美观念很大程度上又直接影响并决定了当时人们梳妆打扮的审美标准及时尚的流行

---

❶ 《史记》卷六九《苏秦列传》,卷四六《田敬仲完世家》。

❷ 彭卫. 汉代社会风尚研究 [M]. 西安:三秦出版社,1998.

趋势。汉代审美观，一方面受楚文化的影响，表现为对"精巧纤柔"之美的喜好；另一方面，又受汉帝国大一统的思想和经济发达的影响，表现为对"高大华贵"之美的追崇。在这样的思想主导之下，对于女性美的要求，也一定是"长壮妖洁"的。与此相对应的是，身材矮小的人常常被认为是不美的，因此身材矮小者也常常为此而感到自卑。有趣的是，我们可以从几则有关男子身高的记载上看到这种审美取向，东汉人冯勤祖父冯偃"长不满七尺，常自耻短陋，恐子孙之似也，乃为子伉娶长妻。伉生勤，长八尺三寸。"❶冯偃因身材矮小而自卑，担心子孙遗传自己的身高，因此选择妻子的时候一定要娶"长妻"，即个子高的女子。另一个有名的例子和曹操有关，出自《世说新语·容止第十四》"魏武将见匈奴使，自以形陋，不足雄远国，使崔季珪代，帝自捉刀立床头。既毕，令间谍问曰："魏王何如？"匈奴使答曰："魏王雅望非常，然床头捉刀人，此乃英雄也。"❷。史书记载曹操身高"七尺""姿貌短小，神明英发"，身高七尺，还不如宫廷中一些后妃的个子高，难怪曹操要自以为自己"形陋"而自卑了。即使如曹操这样的汉世末之枭雄，见识气度远超常人，可在容貌问题上仍然不能免俗，因为自己个子矮小而不自信，使别人代替自己接见匈奴使者。从这两个故事，我们可看出审美观念对人们行为的主导作用。

汉代虽然以颀长高大为美，但具体到女性身材来说，美的标准是修长苗条、优美多姿，而并非仅仅个子高就可以了。史书虽未明确记载胸、臀等女性第二体征的具体材料，但长沙马王堆一号汉墓出土的女舞俑，均是腰肢纤细，臀部丰满，双腿修长而匀称❸，从侧面看就是一个优美的"S"形，非常完整地表现了汉代女性颀长优美的体态。汉文帝母亲薄太后南陵的侍女立俑，通体上束下放，女俑身体于人物膝部收至最细，于足部又骤然放宽，

❶ 《后汉书》二六《冯勤列传》。

❷ （南朝宋）刘义庆.世说新语[M].北京：中华书局，2007.

❸ 张广立.漫话西汉木俑的造型特点[J].文物，1982（6）：80.

第二章　汉代女性的审美观

23

形成一喇叭形，给我们展现了一个亭亭玉立的女性塑像。史籍记载汉代女子因体态轻盈纤丽得宠的例子也很多，如《汉书·外戚传》记载汉武帝宠爱的李夫人妙丽善舞，"一顾倾人城，再顾倾人国"，但因病早死，武帝令画工将李夫人的形象画在甘泉宫的墙壁上，对她思念不已，亲自作赋哀悼。说李夫人"美连娟以修，函菱扶以俟风""的容与猗靡，缥飘姚虖愈庄"，突出描绘了李夫人的身姿轻柔与妩媚。赵飞燕由于"体轻腰弱，善行步进退"，丰若有余，柔若无骨，能做"掌上舞"而得汉成帝宠幸，入主后宫❶，这是对西汉历史产生过重大影响的史实。应当指出，汉代人所理解的"纤弱"并非指枯瘦无肉，纤细弱小，而是肌肉丰泽不肥胖，体态轻盈不滞重。《西京杂记》卷一所述赵昭仪"弱骨丰肌"，以及汉末王粲所描写的"丰肤曼肌，弱骨纤形""肌肤曼以丰盈"❷ 即是这种审美心态的注脚。上文提到的许负所相张嫣"厥胸平满，厥肩圆正，厥背微厚，厥腰纤柔，肌理腻洁，肥瘠合度"，张嫣身材圆润丰满但腰肢纤柔，肤如凝脂，肥瘦合度。汉桓帝梁皇后也是"血足荣肤，肤足饰肉，肉足冒骨，长短合度"。身体丰润适中，健康充盈，说明身体素质优良，利于受孕，多子嗣，这在生产力低下的封建社会是很重要的。

二、肌肤

妇人本质，惟白最难，我国传统审美习俗一向以白为美，汉代也不例外。《淮南子》曰：漆不厌黑，粉不厌白。就强调了白的重要。汉代社会十分推崇洁白如脂、光滑细腻的肌肤，故《淮南子·修务训》说"曼颊皓齿，形夸骨佳，不待脂粉芳泽而性可说。"

---

❶ （晋）葛洪.《西京杂记》[M].周天游校注.西安：三秦出版社，2006.

❷《艺文类聚》卷五十七引王粲《七释》，卷七十九《神女赋》。

高诱注:"曼颊,细理也",也就是细腻紧凑的肌肤。张衡《思玄赋》有"离朱唇而微笑兮,颜的砺以遗光"。李贤在《后汉书·张衡列传》中注曰:"的砺,明也。遗光,言光彩射人也"。《西京杂记》卷一说赵飞燕姊妹"并色如红玉,为当时第一",卷二描写卓文君"脸际常若芙蓉,肌肤柔滑如脂"。汉乐府《东城高且长》中有"燕赵多佳人,美者颜如玉"之句,曹植《美女篇》"美女妖且闲,……攘袖见素手,皓腕约金环",都赞美了女子洁白如玉的肌肤。考古发掘也印证了文献的记述,从出土的实物看,汉代木俑在面部雕成后往往要敷上一层细腻匀净的白色粉末,体现了当时以白皙为美的风尚。马王堆汉墓出土陪葬歌俑,有跪俑和立俑两种,她们皆面部丰满,敷白粉,头发盘髻。而甘肃武威的木雕就直接以白色做底,再用墨线勾画细部 ❶。同时,我们从一些关于男子体貌特征的记载也能看出汉人"以白为美"的审美观,如陈平为人长大美色,肤白"如冠玉" ❷,张苍竟因"身长大,肥白如瓠"而在临刑的时候被免于一死 ❸,更生动地体现了个子高、皮肤白的重要性。

三、头发

汉代人认为一头乌黑亮丽的秀发是美女必不可少的条件,《后汉书·皇后纪上》对此有明确的记载"明帝马皇后美发,为四起大髻,但以发成,尚有余,绕髻三匝"。据说贵宠天下的卫子夫得幸的原因也和头发有关。《汉武故事》记曰:"子夫得幸,头解,上见其美发,悦之。"汉武帝喜爱卫子夫的原因竟是因为她有一头乌黑的长发。杨家湾汉墓、汉景帝阳陵、马王堆汉墓等处出土

---

❶ 张朋川 . 中国汉代木雕艺术 [M]. 沈阳 : 辽宁美术出版社, 2003.

❷ 《史记》卷五十六《陈丞相世家》。

❸ 《史记》卷九十六《张丞相列传》。

的女俑都有浓密乌黑的秀发。而且，在汉末乱世时，乱军甚至像抢劫财物一样夺取女性的美发，《东观汉记》记载"献帝幸弘农，郭汜日掳掠百官，女性有美发者，皆断取之。"❶可见美发在汉人心目中的地位。

四、脸庞五官

"燕赵多佳人，美者颜如玉"，燕赵是汉代美女汇聚的地区。李斯《谏逐客书》有"郑、卫之女不充后宫……佳冶窈窕，赵女不立于侧也"之语，汉时帝王后宫、贵族豪富家庭中多有来自燕赵的女子充当姬妾乐伎，如文帝的慎夫人就是邯郸人，窦婴"拥赵女，屏闲处而不朝"❷，杨恽之妻系"赵女也，雅善鼓瑟"❸，甚至南粤王太子婴齐入朝住在长安时，也娶了一个邯郸女子❹。司马迁感慨地说，"今夫赵女郑姬，设形容，揳鸣琴，揄长袂，蹑利屣，目挑心招，出不远千里，不择老少者，奔富厚也。"❺成为当时一种普遍的社会现象，由此推测，汉代美女基本是以这里女子的面貌特征为标准的。

从出土的实物可以看出，瓜子脸是当时最被欣赏的脸形。汉景帝阳陵出土的女俑个个前额开阔，面颊丰盈，脸庞呈瓜子状，看上去娇俏可人。而大连前牧城驿东汉墓出土的女俑亦呈这种脸形。史书记载惠帝皇后张嫣是"厥颡广圆，而光可鉴人"。"颡"即是额头的意思，也就是说张皇后的前额宽广而圆润，且光亮无比。其母亲鲁元公主亦是"广颡，故不久当大贵"。对于宽广前

---

❶ （汉）刘珍等.东观汉记校注[M].吴树平校注.郑州:中州古籍出版社，1987.

❷ 《史记》卷一〇七《魏其武安侯列传》。

❸ 《汉书》六十六《杨敞传》。

❹ 《史记》卷一一三《南越列传》。

❺ 《史记》卷一二九《货殖列传》。

额的赞美早在先秦时期便已有之,《诗经·卫风·硕人》赞美卫国国君夫人——庄姜的美丽姿容,其中便有一句"螓首蛾眉"。"螓"在古书上是指一种像蝉的昆虫,体小方头,广额而有文采,故"螓首"就是赞美女性前额丰满而宽阔,即相术上所说的"天庭饱满"。《后汉书·皇后纪下》:"永建三年,(梁皇后)与姑俱选入掖庭,时年十三。相工茅通见后,惊,再拜贺曰:'此所谓日角偃月,相之极贵,臣所未尝见也。'"。"日角偃月"指人的前额"庭中骨起",状如日月,饱满光亮。其不仅给人视觉上一种通达明亮的感觉,而且代表性情豁达、运气吉佳。因此,不论男女,宽广明亮的额头都为大吉之征兆。《后汉书·光武帝纪》记载刘秀的相貌:"身长七尺三寸,美须眉,大口,隆准,日角。"其注中引郑玄《尚书中侯》注云:"日角谓庭中骨起,状如日。"在古代相术中,人前额正中自上而下分别名为"天中""天庭""司空""中正","庭中"应是此处。《后汉书·朱祐传》:"(朱)祐侍燕,从容曰:'长安政乱,公有日角之相,此天命也。'"故此,我国古代先民们不论男女,在长大成人之后,都要把头发束起来,很可能也是为了使前额显得更加宽广。

汉人认为眉毛能表情达意,增添女性的魅力。《释名·释形体》解释眉毛曰"媚也,有妩媚也",难怪史书也要对张敞为妇画眉留下重重一笔。虽然汉代文献记载眼睛具体形象的比较少,但惠帝皇后张嫣便是"蛾眉凤眼,蛴领蝉鬓"。凤眼,也称丹凤眼。托名许负所著的《相法十六篇·相目篇》中写:"目秀而长必近君王,龙睛凤目必食重禄"。中国人属于典型的蒙古人种,蒙古人种的皮肤呈浅黄色,颜面扁平,颧骨较高,鼻梁的高度和宽度均属中等,嘴唇不厚,胡须和体毛较少,头发黑而直,眼球色深,眼内角多有内眦褶。内眦褶是蒙古人种典型的体质特征之一。它位于眼内角,由上眼睑下伸,遮盖泪阜,这是人体对多风沙草原环境的一种适应,以北方人为多。内眦褶通俗来说就是单眼皮,所以不论从文学作品,还是传世画作来看,我国传统美女多长着一双细长的丹凤眼,眼尾向上微挑。化过妆的女性都应该知道,单眼皮由于上眼睑较厚，在上眼皮上涂抹比较不容易出彩，如果描画长长的眼尾尚有可能。所以中国古代女子的眼睛往往是以长为美，和细长的蛾眉搭配更加美丽。细长的眉眼，主要靠眼波的流转来传情达意，即所谓"媔眼""玄眸""目若澜波""流眄而视"，指的就是美丽的女性应具有乌黑的眼珠和飞灵动人的眼神。

符合秦汉时期的审美观的还有高挺的鼻子。《史记·秦始皇本纪》云："秦王为人，蜂准。"集解引徐广曰："蜂，一作'隆'。"正义云："蜂，虿也。高鼻也。"《汉书·高帝纪》记载"高祖为人，隆准而龙颜"。《后汉书·光武帝纪》曰："身长七尺三寸，美须眉，大口，隆准，日角。"可见，在秦汉之际，高鼻为尊者贵者之相，并不限男女。

汉人常用"含丹""朱唇"来指美丽的女性，梁皇后亦是"朱口皓齿"。所谓朱唇，指的是双唇红润，色如朱丹。考古出土的实物也很好地印证了这种说法。西安阳陵出土的西汉女俑，姿容端丽，意态含蓄，特别引人注目的是，她们小小的唇上涂着鲜艳的口红，显得分外吸引人❶。先秦至汉代，唇色红润是健康、美丽的标志，这一点在医学上也的确是如此，《黄帝内经》认为脾为气血生化之源、后天之本，开窍于口，在体合肉，主四肢，其华在唇。唇色红润象征气血旺盛，身体健康。如唇色不够红润，则要点朱砂或者用胭脂做的唇脂来巧妙弥补。

关于牙齿，汉人没有留下相关的记载，先秦时期的《诗经·卫风·硕人》和宋玉的《登徒子好色赋》两篇赞颂美女的著名篇章中都没有提到口唇，却都不约而同提到了牙齿，想来洁白整齐的牙齿对古人的重要性。卫夫人庄姜是"齿如瓠犀"，而宋玉东邻之女子则是"齿如含贝"。如贝壳洁白坚固，用其来形容牙齿自不必解释。"瓠犀"为何物呢？《朱熹集传》中写："瓠犀，瓠中之子，方正洁白，而比次整齐也。"也就是说葫芦子不仅方正洁

---

❶　汉阳陵考古陈列馆.汉阳陵考古陈列馆[M].北京：文物出版社，2004.

白，而且排列整齐，故此常用瓠犀微露来形容女子的牙齿洁白美丽。有意思的是，《汉书·东方朔传》中有一段他自己的话，"长九尺三寸，目若悬珠，齿若编贝"，而师古曰"编，列次也"，意思就是，东方朔个子高大，眼睛明亮，而且还长着排列得非常整齐的洁白牙齿，所以他是一个标准的汉代美男子。

五、仪态举止

与曼妙的身姿和轻盈欲飞的体态相映衬的是温柔可人的仪态、举止，也就是我们所说的风度气质，这是一种由内而外散发的美，古人有"意态由来画不成，当时枉杀毛延寿"之语。虽然气质风度之美是文字描画不出的，但我们还是可以从一些汉代女俑的身上约略感受到汉代女子那种温婉、娴静的美。特别是汉景帝阳陵出土的女俑：或亭亭玉立，或婆娑起舞，或垂首端立，或拱手揖问。其中一个坐姿仕女俑生动细微地表现了汉时女子含羞遮面的神态，她席地而坐，上身微倾，低眉垂眼，双手拱抱，宽袖遮面，惟妙惟肖地刻画出该女子恭敬温雅的意态神韵。马王堆出土的女歌俑则双手握在胸前，嘴微张前伸，好像正在演唱一首悦耳动听的歌曲。在这群歌俑中，有一件着衣歌俑保存得最好，她大约高 32.5 厘米，头发盘髻，脸部丰满，上涂白粉，高高的鼻梁，长长的蛾眉下一双含情的丹凤眼，神态中显露一丝浅浅的笑意，朱唇微张，似乎正在吟唱。1995 年，马王堆汉墓文物赴荷兰首都阿姆斯特丹展出时，这件面带微笑的歌俑引起了极大的轰动，荷兰人给她以"东方维纳斯"的美称，她的形象，布满了阿姆斯特丹的大街小巷。

由此可见，当时女性美的标准为：颀长的身材，优雅的体态，乌黑浓密的头发，俏丽的脸庞，洁白的肌肤，长长的黛眉，红润的樱唇，以及迷人的气质。

与之相反的体态特征，则被归入丑女范围。《淮南子·修务训》写道"嫫睽哆𠴨，籧篨戚施，虽粉白黛黑，弗能为美者"。"嫫"，同颤，"哆"为大口。高诱注"哆，读大口之哆"，也有解释作嘴唇松弛下垂。《广韵》曰"哆，唇下垂貌。"《集韵》曰"哆，唇缓也。"汉画像砖上所刻画的无盐丑女的嘴部不仅大，而且强调嘴部的下垂状。"𠴨"指的是口不正。《玉篇·口部》曰："𠴨，口不正也，丑也。""籧篨戚施"形容身躯佝偻。刘向的《列女传》描写战国时期齐国无盐丑女钟离春的相貌是"臼头深目，长指大节，卬鼻结喉，肥项少发，折腰出胸，皮肤若漆"，《韩诗外传》中丑女的形象是"目如擗杏，齿如编蟹"，西汉末女子孟光因状貌"丑而黑"，东汉末女子黄氏因"黄头黑面"均得到丑女之名❶。

汉代女性体貌审美评定表如下表所示。

汉代女性体貌审美评定

体貌部位	正面	负面
身材	颀长	矮小
体态	轻盈	肥胖滞重
头发	乌黑、浓密	枯黄、稀疏
脸庞	俏丽，以瓜子脸为佳	
肌肤	白皙细嫩	黑黄、粗糙
眉毛	修长而黑	松散杂乱
眼睛	黑亮有神	小而无光
嘴唇	小巧、红润	口大、松弛
牙齿	齿若编贝	齿如编蟹
仪态、举止	温柔娴静	蛮横粗俗

❶ 《后汉书·逸民列传》，《三国志·蜀书·诸葛亮传》注引《襄阳记》。

六、德与貌的关系

汉代是儒学的建设整合时期，也是社会性别制度建设的探索发展时期。女性受儒家、道家文化的影响，形成了"阴柔婉约"的含蓄美，对女性阴柔气质的强调，实质上是将人的社会属性本质化为人的自然属性，在某种程度上抑制了女性自然鲜活的生命力，也是审美领域男权化、专制化的表现，因此汉代社会除了对女性外貌美的要求，也越来越开始强调女性的内在美，也就是提倡"女德"。《后汉书·胡广列传》记载汉顺帝欲立皇后，有宠者四人，当处于困惑之中不知如何选择，胡广等诸大臣上书曰："宜参良家，简求有德，德同以年，年钧以貌，稽之经典，断之圣虑。"皇帝立后，大臣的一致建议是首选有德之女，然后是年龄，然后是容貌，容貌排在了最后。汉桓帝时期，田贵人得宠，桓帝有建立之议。应奉就以田氏微贱，不宜超登后位，上书谏曰："臣闻周纳狄女，襄王出居于郑；汉立飞燕，成帝胤嗣泯绝。母后之重，兴废所因。宜思《关雎》之所求，远五禁之所忌。"❶在这件事上，陈蕃也以为田氏卑微，窦族良家，争之甚固。由于诸大臣的反对，最后桓帝不得已立了窦氏为皇后。《后汉书·李云列传》也记载了李云对桓帝立亳氏为后提出反对意见，曰："臣闻皇后天下母，德配坤灵，得其人则五氏来备，不得其人则地动摇宫。"显然，在桓帝立皇后的选择上，各位大臣最看中的还是女子道德。说明东汉时期，"德"已经成为评价女性最基本的条件，与《汉书》相比，《后汉书·皇后纪》中所载后妃有德者明显增多，如光武郭皇后"好礼节俭，有母仪之德"，阴皇后"性仁孝，多矜慈"，明德马皇后"孝顺小心，婉静有礼""德冠后宫"，和帝邓后"德冠后庭"，顺帝梁后"以德进"。同时，东汉后期女性道德开始主

---

❶ 《后汉书》卷四十八《应奉列传》。

要体现出贞女守节的单一化倾向，比如思想家王符就主张女子应恪守贞节、不侍二夫。他认为，衡量女子的道德标准，是看其是否"鲜洁"，这个"鲜洁"可不是外貌上的光鲜洁净，而是女子内心的"一许不改"，是道德的要求。"贞女不二心以数变……一许不改，盖所以长贞洁而宁父兄也。其不循此而二三其德者，此本无廉耻之家，不贞专之所也"，并严厉指责改嫁的女子是"不贞洁""无廉耻"的。❶

随着对女德的重视，汉代开始出现了专门规范女德的文章和著作。如刘向的《列女传》、班昭的《女戒》、皇甫规的《女师箴》、荀爽的《女诫》、蔡邕的《女训》和《女诫》等。❷女德著作中最早的是刘向所撰的《列女传》，他把古代著名女性事迹搜集起来，分为《母仪传》《贤明传》《仁智传》《贞顺传》《节义传》《辩通传》《孽嬖传》，目的在于为女子树立效法的典范。本书总体上还是采取了多元化的评价标准，女子各方面出众都可入选，并不专崇节操，但是书中也特别强调了"贞""顺"观念，描绘了一些因守贞而自残、自杀的女性。书中还特别提到了德胜于貌的观念，在《辩通传》中，刘向刻画了两个奇丑无比的女人——齐钟离春和齐宿瘤女，她们分别被齐王立为后，使齐国大安，这些观念对于当时和后世女性道德教育影响极大。

作为一名女性，东汉大教育家班昭似乎是赞同"德胜于貌"的，她在《女诫》中专门写道："女有四行：一曰妇德，二曰妇言，三曰妇容，四曰妇功。夫云妇德，不必才明绝异也；妇言，不必辩口利辞也；妇容，不必颜色美丽也；妇功，不必工巧过人也。清闲贞静，守节整齐，行己有耻，动静有法，是谓妇德。择辞而说，不道恶语，时然后言，不厌于人，是谓妇言。盥浣尘秽，服饰鲜洁，沐浴以时，身不垢辱，是谓妇容。专心纺绩，不好戏笑，絜齐酒

❶ （汉）王符．潜夫论 [M]．（清）汪继培笺．上海：上海古籍出版社，1978.

❷ 严可均．全汉文 [M]．北京：中华书局，1987.

食，以奉宾客，是谓妇功。此四者，女人之大德，而不可乏之者也"。"四行"即"四德"，最早见于《周礼·天官·九嫔》，班昭是第一个详细解释这四种道德标准的人。班昭并不看重女性的个人才能，而是将男权社会赋予女子的职责进一步强化，以完全适应男子的审美满足及道德需求，由此，她对女性的日常行为提出了具体的要求，诸项要求中，有一些合理的内容，如要在合适的时机说话，注意说话技巧，不惹人厌烦；定时洗浴，讲究卫生等，这些对于保持家庭和谐与身体健康都是有益的。然而，其中她所论述"妇容"并不是指姿容美丽，而是整洁大方，这也成为"四德"的要求之一。对于一个讲究女德的人来说，清新洁净是第一位的，远比妖娆的外在修饰更为重要，更符合"四德"的要求。

德与貌的辩证关系在汉代社会中似乎并不是非此即彼，对立不二的。比如蔡邕就把女德和女子妆饰很好地结合起来，他从女性化妆修饰等日常生活小事入手，把抽象的道德用具体的日常行为来解释，如"揽镜拭面，则思其心之洁也；傅脂，则思其心之和也；加粉，则思其心之鲜也；泽发，则思其心之顺也；用栉，则思其心之理也；立髻，则思其心之正也；摄鬓，则思其心之整也。"把傅粉涂朱等化妆方式同道德修养相联系，指出女子美容妆饰应与自我的修身养性结合起来，这样一来，女德时时刻刻都处于女子生活之中，以此来提醒女子要注意自己的道德修养。同时，该女子也可以成为一个品貌俱佳的人，完美地解决了德与貌的关系。因此，最理想的女子应该是内在、外在兼美之人。

所以，汉代社会常常用外在的美来表现内在美，德与貌在这里得到了很好的统一。如汉乐府中的秦罗敷"头上倭堕髻，耳中明月珠。缃绮为下裙，紫绮为上襦。行者见罗敷，下担捋髭须。少年见罗敷，脱帽着帩头。耕者忘其犁，锄者忘其锄。来归相怨怒，但坐观罗敷。"长安街上的"胡姬年十五，春日独当垆。长裙连理带，广袖合欢襦。头上蓝田玉，耳后大秦珠。两鬟何窈窕，一世良所无。一鬟五百万，两鬟千万余。"刘兰芝的"鸡鸣外欲曙，新妇起严妆。……足下蹑丝履，头上玳瑁光。腰若流纨素，耳着

明月珰,指若削葱根,口如含珠丹,纤纤作细步,精妙世无双。"❶
作者用夸张的语言强调了女性的外在美,同时也暗含其内在具有
同样的美,表达了作者的赞赏敬佩之情。这三个外表如此美丽的
女子,她们又有着相同的高洁品德:勇敢、智慧、不畏强权、忠
于爱情、忠于内心。这才是汉代社会普遍追求的女子美。像这个
劳动着的女子"弱态含羞,妖风靡丽。皎若明魄之生崖,焕若荷
华之昭晰;调铅无以玉其貌,凝朱不能异其唇;胜云霞之迩日,
似桃李之向春。红黛相媚,绮组流光,笑笑移妍,步步生芳。两
靥如点,双眉如张。颊肌柔液,音性闲良。"❷她的外在美超乎想
象,似乎和劳动无关,但其中内含的意思是,她是一个合乎"四
德"要求的完美的女性。这种对女性美的夸张描写,以及实际生
活中女性对自身的修饰,更多是为了男性的欣赏,为了符合男性
的审美要求。

虽然儒家一直提倡"德胜于貌",但男权社会对于女性的要
求还是以貌为主,西汉皇帝多以歌女、舞女为妃为后,就是明证。
据《后汉书·皇后纪》记载,刘秀听说阴丽华长得美,就发出了"仕
宦当作执金吾,娶妻当得阴丽华"的誓言;章德窦皇后"进止有
序,风容甚盛",以至于"马太后亦异焉";和帝邓后"姿颜殊丽,
绝异于众,左右皆惊"。汉末荀粲更明确声称:娶妇才智不足论,
应以色为主,他娶了一位美女,不料不久病故,荀粲因为"佳人
难再得",竟痛惜而死。❸诸葛亮娶了一位貌丑而有才智的妻子,
却使得"时人以为笑乐,乡里为之谚曰:'莫作孔明择妇,正得
阿承丑女'。"❹说明社会普遍对于女子容貌的重视。但是女子以色
事人,必然带有色衰爱弛的结果,汉武帝的李夫人就深谙此理,
在她临死之前,汉武帝想要见她最后一面,可她却拒绝了。她说,

❶ (宋)郭茂倩.乐府诗集[M].北京:中华书局,1979.

❷ 班婕妤,《捣素赋》见《全汉文》,北京:中华书局,1958。

❸ 《三国志》卷十《魏书·荀彧传》注引《晋阳秋》。

❹ 《三国志》卷三十五《蜀书·诸葛亮传》注引《襄阳记》。

"所以不欲见帝者，乃欲以深托兄弟也。我以容貌之好，得从微贱爱幸于上。夫以色事人者，色衰而爱弛，爱弛则恩绝，上所以挛挛顾念我者，乃以平生容貌也。今见我毁坏，颜色非故，必畏恶吐弃我，意尚肯复追思闵录其兄弟哉！"❶范晔在《后汉书·皇后纪上》中也说道"当其接床第，承恩色，虽险情赘行，莫不德焉。及至移意爱，析嬺私，虽惠心妍状，愈献丑焉。爱升，则天下不足容其高；欢队，故九服无所逃其命。"这才是封建社会多数女子热衷妆饰、美化自身的本质。在传统社会的审美活动中，女性是作为审美客体，被男性欲望窥视的对象而出现的，女性自身的审美诉求长期遭到忽视，这种对女性美的特殊要求对后世的影响是深远的，至今仍在发挥作用。

第二章　汉代女性的审美观

---

❶《汉书》卷九十七《外戚传上》。

第三章

汉代女性的面妆

一、粉妆

汉初国家一统，几代帝王所推行的休养生息政策也极大地推动了社会生产力的发展，物质文化的相对丰富，为妆饰创造了客观条件。在汉代审美观的影响下，女性极其注重妆饰自身。在古代女子的化妆形式中，面容的妆饰最为重要，因为它处于最引人注目的地方——人体的最上端。清代李渔《闲情偶寄》卷三曰"面为一身之主，……相人必先相面，人尽知之。"马王堆汉墓出土的陪葬俑，脸上都涂以白粉，显示了汉代以白为美的习俗。粉是最基本的化妆品，当时有金属类的铅粉和植物类的米粉两种。东汉许慎《说文解字》中有"粉，所以傅面者也，从米，分声。"说的就是米粉，它是用米做原料，除去杂质，碎米后细研而成的一种洁白细腻的粉英，盛放在粉盒中，供日常使用。段玉裁解释说"古傅面亦用米粉，故《齐民要术》有傅面粉英。粉英仅堪妆摩身体耳，傅人面者固胡粉也。"❶从段注可以看出，米粉是一种加工起来比较简单的化妆品，《齐民要术》卷五《种红蓝花及栀子第五十二》对此有较详细的记载："作米粉法，粱米第一，粟米第二……稍稍出自泥沙盆中，熟研以水沃搅之，接取白汁，绢袋滤着别瓮中……清澄以徐徐接去……其中心圆如钵形酷似鸭子，白光润者名粉英……曝之及至粉英……作香粉以供妆摩身体。"❷这段记载中说明米粉在汉代主要用来涂抹身体。由此可见，汉代审美意识增强，用米粉增白已经不仅仅限于面部，史书的记载也证实了此种说法，据《汉书·广川惠王传》载，广川王后昭

---

❶（东汉）许慎. 说文解字注 [M].（清）段玉裁注. 上海：上海古籍出版社，1981.

❷（北魏）贾思勰. 齐民要术校释 [M]. 缪启愉校释. 北京：中国农业出版社，1982.

信言"前画工画望卿舍,望卿袒褐傅粉其旁",说的就是广川惠王妃陶望卿用米粉来妆饰身体一事。

和米粉相比,铅粉的制作过程复杂得多,可能黏附效果要好于米粉,所以汉时人们常常用它来傅面。铅粉是以铅化解后调以豆粉而成,因是以铅粉、油脂调和而成的糊状,古代一般称之为胡(糊)粉。从早期的文献资料看,所谓铅粉,并不仅仅是铅,实际包含了铅、锡、铝、锌等多种化学元素。最初用作女性妆面的铅粉还没有经过脱水处理,所以多呈糊状。汉代以后,技术逐渐发展,铅粉可以被吸干水分制成粉末或固体形状,保存携带都很方便。由于它质地细腻、色泽润白,黏附效果更好,且易于保存,深受女性喜爱,久而久之就取代了米粉的地位。晋代张华《博物志》曰:"纣烧铅锡作粉",虽不可尽信,但也道出了铅粉的出现和道家炼丹有关。汉时方士神仙之说大行其道,各种长生不老、炼丹之术盛行,铅粉在此时出现并被大量使用绝非偶然。张衡《定情赋》的"思在面为铅华兮,患离神而无光",曹植《洛神赋》的"芳泽无加,铅华弗御",刘勰《文心雕龙·情采》的"夫铅华所以饰容,而盼倩生于淑姿"都提到了"铅华"。在语言文字中一个新的词汇往往是伴随着新事物的出现而出现的,"铅华"一词在汉魏之际的文学作品中被大量使用,是铅粉社会存在的真实反映。文献还记载有一种粉叫水银腻粉,据说是春秋时萧史所创制,为其爱侣弄玉傅面化妆所用。晋代崔豹《古今注》曰:"萧史与秦穆公炼飞雪丹,第一转与弄玉涂之,今之水银腻粉是也。"和上文的商纣王发明粉一样,萧史造粉应该也是一种托名,从其炼制过程来看,确实是炼丹过程中的发明。汉代还有一种"露华百英粉",此粉乃是汉成帝的皇后赵飞燕使用,应该也不会是普通的米粉。洛阳烧沟十四号汉墓出土有圆饼状、中间厚两边薄的白色粉块三公斤,当为化妆用的白粉,同时出土的还有木梳一把,可为旁证❶。甘肃武威磨

---

❶ 洛阳市文物工作队.洛阳烧沟14号汉墓简报[J].文物,1983(4):34.

咀子汉墓也出土有漆质粉盒和白粉一包❶。

马王堆三号汉墓随葬物品的出土，让我们发现了一个有趣的社会现象。这位墓主人是轪侯侯利仓之子，他身为一名将军，从他的墓中却出土了整套化妆用品，包括胭脂、白粉、膏泽类等样样齐全，与一号墓主人轪侯夫人的梳妆用品相比，也毫不逊色。从马王堆汉墓出土的随葬器物来看，无非为两类，一是墓主人生前使用过的物品，二是墓主人生前实用物的替代品。而无论是哪一种，都是墓主人所处时代社会风貌与他生前生活状况的反映。因此，三号墓出土的这些化妆品无论是冥器，还是墓主人生前常用必备品，都再现了他生前的生活习惯。这说明，汉代不仅女子，男子也有敷粉之俗，文献记载也印证了这一社会现实。《汉书·佞幸传》记"孝惠时，郎侍中皆冠鵔鸃，贝带，傅脂粉"，又曰：惠帝侍中皆傅脂粉。《魏略》记载：何晏性自喜，动静粉白不去手，行步顾影。同书又记载曹植也有敷粉的习惯，"邯郸淳诣临淄侯植，时大暑，植取水浴，以粉自傅。科头、胡舞、击剑、诵小说，顾谓淳曰：'邯郸生，何如也？'"《后汉书·李固传》记顺帝时，有人污蔑李固，说"大行在殡，路人掩涕，固独胡粉饰貌，搔头弄姿，盘施偃仰，从容冶步，曾无惨怛伤悴之心"，虽是污蔑不实之词，但当时确有男子敷粉习尚，自可断言。

除了白粉，汉代还出现了一种红粉，称为"赪粉"，刘熙《释名》曰"赪粉，赤也。染粉使赤以著颊也。"红粉的出现和胭脂的被使用有关。胭脂，在古籍中也写作"烟肢""烟支""焉支""燕支""捻支""燕脂""臙脂""胭脂""烟脂""烟恉"等，当为匈奴语，这种同音多字的现象，正是外来词的特点。它是一种草本植物的名称，中原人名其"红蓝"，其花红色，其叶似蓝，花可用作女性的化妆品，女性用以涂脸颊或嘴唇。

从史籍记载可知，胭脂原非中原种植的植物，它最初产于我国的西北方，也就是汉时匈奴控制的地区。胭脂异名的最早实录

❶ 甘肃省博物馆.甘肃武威磨咀子汉墓发掘[J].考古,1960年第9期。

见于《史记·匈奴列传》,其注解中张守节《正义》引《括地志》云:"焉支山,一名删丹山,在甘州删丹县东南五十里。"又引《西河故事》云"匈奴失祁连,焉支二山,乃歌曰'亡我祁连山,使我六畜不蕃息;失我焉支山,使我女性无颜色。'其慜惜乃如此。"原因在于焉支山产燕支草,匈奴女性红妆,都用此草。汉兵夺得焉支山,匈奴作歌如此。焉支山,当时属匈奴控制的地域,也是匈奴人用匈奴语命名的山脉。这段记载在历史上首次把焉支山、燕支草和女性脸颊颜色联系起来,足见"焉支""燕支"就是化妆品的胭脂,是它的最初异名。由匈奴人所唱歌辞可知,祁连山水草丰美,匈奴人多在这里放牧牛羊;而焉支山则应该生长了漫山遍野的燕支草,匈奴女性采集用来涂抹装扮自己。所以被打败后的匈奴,失去了焉支山,匈奴女性便没有化妆的东西了。关于这一点,后世笔记多有记载,《苕溪渔隐丛话·后集》卷四十引严有翼《艺苑雌黄》云:"盖北方有焉支山,山多作红蓝,北人采其花染绯,取其英鲜者作胭脂,妇人妆时,用作颊色,殊鲜明可爱。"赵彦卫《云麓漫抄》卷七有类似的说法。此处所说的"北人",应当泛指北方游牧民族。而焉支山,在唐诗中也常常写作"燕支山"。对于匈奴女性来说,燕支是必不可少的化妆品。由于它在匈奴人生活中如此重要,以至于成为标识匈奴贵族女性身份的符号和标识。胭脂在汉时也被称为"阏氏",《史记·匈奴列传》《索隐》里司马贞指出"阏氏"原为匈奴语,指匈奴贵族正妻。王昭君入匈奴后也被称为"宁胡阏氏"。匈奴贵族女性大都使用胭脂为化妆用品,久而久之,人们用她们的称号来指代她们所使用的化妆品,"言其可爱如阏氏也",因此"阏氏"可能为匈奴语转译而来的借词。

燕支草在中原地区被称为红蓝,《史记》司马贞《索隐》引习凿齿《与燕王书》曰:"山下有红蓝,足下先知不?北方人探取其花染绯黄,援取其上英鲜者作烟肢,妇人将用为颜色。吾少时再三过见烟肢,今日始视红蓝,后当为足下致其种。匈奴名妻作'阏氏',言其可爱如烟肢也。"崔豹《古今注》也称:"燕支,叶似蓟,花似菖蒲,出西方,土人以染,名为燕支。中国人谓红蓝,以染粉,作妇人面色。谓为燕支粉也。"从这两段记述中我们可以看出,胭脂就是从红蓝花中提取的,人们将红蓝花采摘后,轧短磨细,加水调和成红色液体,然后盛放于容器中,干后即成胭脂。《齐民要术》卷五《种红蓝花及栀子花第五十二》中有制作胭脂的方法"作燕支法,预烧落藜、藜及蒿作灰(无者即草灰亦得),以汤淋取清汁,揉:花(十许遍,势尽乃生),布袋绞取纯汁著瓮器中,取醋石榴两三个,擘取子,捣破少著粟饭浆水极酸者和之,布绞取沈,以和花汁,下白米粉大如酸枣(粉多则白),……痛搅,盖冒至夜,泻去上清汁至淳处止,倾著白练角袋子中悬之,明日干浥浥时,捻作小瓣如半麻子,阴干之则成矣。"古时把胭脂制成膏汁、粉类,还涂于纸或浸于丝绵,制成胭脂纸和胭脂绵,以便涂颊或点唇。汉代女性在施朱傅粉的过程中,一般要先对脂粉加以调和,马王堆一号汉墓中的九子奁中,就有一盒胭脂,还出土一柄短棒形的小刷,并且刷毛还为红色,当为施朱时所用。满城汉墓出土的错金朱雀衔环双连铜豆器中尚留存有朱色痕迹,应当是调脂后遗留下来的痕迹。❶

　　胭脂的使用实在是化妆史上的一次革命。红蓝花汁提炼出的胭脂,制作起来较中原汉族女性传统使用的朱砂简单,也很容易得到,且胭脂带油性,其色鲜明,染之不落,还可以调和深浅之色,敷脸抹唇均可,使用极方便,故一经传入便受到广大中原地区女性的青睐。自此以后,在面部施红涂朱,即红妆,就不仅限于少数的上层贵族女性,而成为我国女性最基本的妆饰,"红妆""红颜"从此也就成为女子的代称。宋程大昌《演繁露》卷七"烟脂"条对此有讨论:古者妇人妆饰,欲红则涂朱,欲白则傅粉,故曰"施朱太赤,施粉太白"。此时未有烟脂故,但施朱为红也。"在燕支传入我国之前,女性脸上只能涂朱(朱砂)傅粉,要么太红,要么太白,很难调配。宋玉在《登徒子好色赋》中感叹"东家之子"

第三章 汉代女性的面妆

---

❶　郑绍宗 . 满城汉墓[M].北京:文物出版社,2003.

美得恰到好处，"著粉则太白，施朱则太赤"，因为不好掌握涂朱的深浅，人工妆饰有时反倒会破坏天生丽质，而燕支色正好介于"赤白之间，"可以避免"太白""太赤"的审美缺陷。

汉代女性面妆的基本步骤如下：第一，在面部敷白粉；第二，涂以胭脂。胭脂涂抹的部位往往集中在双腮，我们看到的出土女俑脸上双颊部位多呈红色，而额头、下颏则露出白粉的本色。可显出女性面颊绯红、娇羞含情的意态。最后，是对眉、眼、唇进行重点妆饰。汉代女性红妆，浓者明丽娇艳，淡者优雅动人，或染于双颊，或朱唇含丹，或兼晕眉眼，或满面渥丹，但相比较于唐代女性，她们的妆饰更素雅、朴实一些。马王堆汉墓出土的彩绘木俑，不论是侍俑还是歌舞俑，其面部皆以白粉敷面，墨绘细眉，朱绘双唇，在一定程度上反映了汉代女性的妆容习俗。

第一步　　　　第二步　　　　第三步

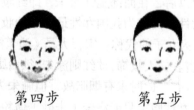

第四步　　　　第五步

二、眉妆

在女性化妆习俗中，美化眉毛是不可忽视的一个重要环节。无论古人还是现代人，都极其重视对眉毛进行妆饰。在面妆中，眉毛妆饰应该是最早被认同的一种，它的出现和远古祖先的蚕蛾崇拜有关。种桑养蚕抽丝纺织，一直是我国的经济支柱之一，由于蚕丝的出现，人们开始有衣穿，在科技不发达的远古，出现蚕蛾崇拜并不奇怪。1953年，安阳大司空村发掘的商代墓葬，其随葬物品中，就有保存十分完整的蚕形玉，长3.15厘米，共有七节，白色，扁圆长条形。1966年，在山东益都苏埠屯殷墓中，也发现了这一形态的玉蚕。另外，殷代青铜器花纹中也存在着大量的蚕纹，传世青铜器，如饕餮纹簋（见武英殿彝器图录）第42页），伯崧方鼎（见《使华访古录》图七),其图中蚕纹形状"头圆而眼突出，身体屈曲，作蠕动状，饰于器的足部、口部和腹部"。甲骨文中也多次有祭蚕神的卜辞，表明殷代蚕有蚕神，被称为蚕示，是远古神灵之一。❶为了与蚕神沟通，作为一种特殊的媒介，原始人往往用一种醒目的颜色把蚕的形状涂抹在脸部或身体上，以此来表达自己的虔诚和崇敬。久而久之，他们发现蚕蛾触须与人的眉毛样子接近，仿照起来并不太困难，于是就仿照蚕蛾触须来修饰眉毛。这应该就是眉妆的起源之一。我们从一些较早的蛾眉形象资料上还可以找到证明，河南信阳楚墓❷和广州郊区汉墓❸出土的女舞俑，她们的长蛾眉下都点几个圆点，可能是蚕卵的象征。

第三章 汉代女性的面妆

---

❶　胡厚宣.殷代的蚕桑和丝织[J].文物，1972（11）：3.

❷　河南省文物研究所.信阳楚墓[M].北京：文物出版社，1986.

❸　广州市文物管理委员会,广州市博物馆.广州汉墓[M].北京:文物出版社，1981.

所谓蛾眉，就是指形如蛾触须般弯曲而细长的眉形。历朝历代，蛾眉盛行不衰，一直是女子眉妆的基本样式，这也是女性始终处于从属地位的反映。我国古代男性审美要求女性是娇弱依人的，蛾眉细长曲折，正好符合这种要求。所以，蛾眉也逐渐成为美与美女的代称，古诗词中这种描写太多了，如《离骚》"众女嫉余之蛾眉兮,谣诼谓余以善淫"，宋玉所著的《招魂》"蛾眉曼睩"，《列子》中的"施芳泽，正蛾眉"，《大招》云"蛾眉曼只"，《诗经》中则有"螓首蛾眉"。刘歆《遂初赋》"扬蛾眉而见妒兮，固丑女之情也。"皇甫冉《婕妤怨》"借问承恩者,双蛾几许长？"高适《塞下曲》"荡子从军事征战,蛾眉婵娟守空闺"，以及白居易《长恨歌》"宛转蛾眉马前死"都是明证。同时,在文字上也衍生出有"美女"意义的同源字"娥"，汉代大学者杨雄《方言》卷二说"秦晋之间，美貌谓之娥"可为证。❶ 所以，汉代很多女子的名字中都有"娥"字。汉高祖刘邦的皇后吕后字娥姁，汉武帝姐姐的女儿名"娥"，汉顺帝乳母有李娥、宋娥，汉安帝的大姨和母亲分别叫大娥、小娥，著名的孝女曹娥，民间女子有叫赵娥、李娥、李进娥的，这都是在《汉书》《后汉书》中有明文记载的，没有记载得就更多了。

　　长沙马王堆帛画中之轪侯夫人，虽年龄已老，画的仍是长长的蛾眉，墓中出土的侍女俑无不面容清秀，描画的也是细长蛾眉，这大概是当时眉毛的流行样式。《事文类聚》记载："汉明帝宫人扫青黛蛾眉。"阳陵出土的陶质女俑也为我们显示了这种漂亮的眉式。《史记·司马相如列传》中也写道："长眉连娟，微睇绵藐。"《索隐》郭璞曰："连娟，眉曲细也。"纤细、修长、弯曲而不夸张，是蛾眉的特征。远山眉，始于卓文君，因眉色命名，《西京杂记》卷二言"文君娇好，眉色如望远山，脸际常若芙蓉，肌肤柔滑如脂。"《玉京记》言"卓文君眉色不加黛，如远山，人效之，号远山眉。"后来，赵合德仿效文君"为薄眉，号远山黛"。这种眉形大约到了唐代也还受到广大女性的喜爱，唐崔仲容还有诗写此种

---

❶ （汉）扬雄. 方言 [M]. 北京：商务印书馆，1937.

眉型"皓齿乍分寒玉细，黛眉轻蹙远山微"。

东汉时，眉式日渐增多。史载梁冀妻子孙寿"善为妖态，作愁眉"。愁眉脱胎于"八字眉"，眉梢上勾，眉形细而曲折，色彩浓重，与自然眉形相差较大，因此需要剃去眉毛，画上人工眉。此举影响甚大，"至桓帝元嘉中，京都女性作愁眉、啼粧、堕马髻、折要步、龋齿笑" ❶，后世的"愁眉紧锁"大概来源于此。另外，还有一种广眉，在东汉也颇流行。谢承的《后汉书·马廖传》录民谣曰："城中好广眉，四方且半额"记载的就是这一史事。广州郊区一座东汉初期墓中出土的一个戴着巾帼，描着阔眉的舞女俑，可为这种习俗的例证。

汉代女性画眉所用的材料主要是黛。许慎在《说文解字》中对黛的定义是"画眉也"。汉代女性画眉，一般是将天然眉毛剃去，再按时尚画出流行的眉式。刘熙《释名》中对黛的解释是"黛，代也，灭眉毛去之，以此画代其处也。"又曰："镊，摄也，摄取发也。"，汉墓中也曾出土各式的灭眉工具——镊。汉代男子有须有眉，故"须眉"二字作为男子的代称。黛包括石黛和植物类的青黛。石黛在春秋时期称为"石涅"或"涅石"，如《山海经》记载："孟门之山，其上多苍玉，多金，其下多黄垩，多涅石。""女几之山，其上多石涅。"等。南北朝以后，石黛又被称为"石墨"。石墨除了饰眉，还被用以写字、绘画和作药物使用，明李时珍《本草纲目》注云："又有一种石墨，舐之粘舌，可书字画眉，名画眉石者，即黑石脂也。"石黛色黑，画眉呈自然黑色，一擦就掉，并且使用方便，只需将石黛放在专门的黛砚上碾磨成粉，然后加水调和，涂到眉毛上即可。江西南昌汉墓、江苏泰州新庄出土的黛砚，上面还粘有黛迹。在广西贵县罗泊湾一号汉墓曾出土了一包黑色的石黛，它被放在女性梳妆用的梳篦盒内，出土时已经粉化。古人所谓的石黛，除石墨外，似乎还应包括石青。石青又名蓝铜矿，它是原生含铜矿物氧化后形成的表生矿物，是炼铜的次要原料。

❶ 《后汉书·五行志》。

第三章　汉代女性的面妆

47

石青在自然状态下有粒状、块状、放射状和皮壳状等。由于形状不同、色泽不一，产地亦有差别，故有空青、曾青、扁青、绿青、白青和回回青等多种品类，它们绝大部分可作画色和入药，也可用来画眉。植物类的黛称青黛，是从植物中提取的色素，颜色青黑。青黛和石青画眉时，因浓淡深浅不同，可现出蓝、青、翠、绿、苍等丰富的色调变化，古人称之为"翠眉"。

画眉已成为汉代社会中非常普及的日常行为，一些正史也不可避免地有所涉及。《汉书·张敞传》中记载宣帝时京兆尹张敞"又为妇画眉，长安中传'张京兆眉怃'"，他既是一个颇有政绩的官员，又是一个温情的丈夫，以致《汉书》也为他为妻子画眉留下了一笔。以后，张敞画眉就成为夫妻恩爱的象征，唐张说《赠崔二安平公乐世词》云"自怜京兆双眉妩，会待南来五马留"用的就是这个典故。而东汉明帝马皇后"眉不施黛。独左眉角小缺，补之如粟"❶，也从另一方面证明了汉代社会画眉的普遍性。

三、唇妆

妆唇以红，在我国起源亦早。1949 年，湖南长沙市郊陈家大山楚墓出土了一幅古帛画，画中的女性口唇均饰朱色，可见妆唇习俗早在几千年前，已在我国出现了。在秦汉的文献记载中，唇妆常与傅面之粉、描眉之黛、沐发之泽并列而称。《淮南子·修务》曰："不待脂粉芳泽，而性可说者，西施阳文也。"《韩非子·显学》亦云："故善毛嫱、西施之美，无益吾面，用脂泽粉黛，则倍其初。"皆是例证。楚宋玉的名篇《神女赋》用"眉联娟以蛾扬兮，朱唇的其若丹"，描写了当时用丹来涂饰小巧红润的嘴唇。丹即朱砂，它是先秦女性妆唇的主要原料，《释名》定义曰："唇脂以丹作之，像唇赤也。"汉墓出土的漆奁中，常常发现朱砂盛放其中。在江

---

❶ 《后汉书》卷十《皇后纪上》。

苏扬州、湖南长沙的西汉墓中，甚至还发现了保存完好、存放在漆奁中的朱砂唇脂实物，可见唇脂作为化妆品受重视的程度。北魏贾思勰在《齐民要术》中曾经记载过当时制作唇脂的技术，即先制香酒，配以丁香、藿香两种香料，拣新收的、无杂质的棉花，然后一起投入事先已烧至微烫的酒中，以热酒吸收棉中的香料之味。吸收的时间为夏季一天一夜，春、秋两季为两天两夜，冬季为三天三夜。等完全浸透后，取出棉花和香料，将牛油或牛髓放入此香酒，旺火大烧，滚沸一次加一次牛油脂，数滚之后，撒火微煎，此时慢慢掺入以朱砂研取的红色颜料，并以青油调入，搅拌均匀，灭火后，待其自然冷却，凝成的红脂细腻鲜艳，香气蕴藉，即为女性喜爱的饰唇用品。后来，随着胭脂的传入，胭脂就成为最主要的点唇原料了。

汉代人认为最美观、最理想的唇形，应像樱桃那样娇小可爱、浓艳欲滴。于是女性们在涂粉时，便将嘴唇一并敷成白色，然后再用胭脂重新点画唇形，描画出有如樱桃一般可爱的红唇。汉阳陵出土女俑，虽历经几千年，但她的红唇还鲜艳夺目。满城汉墓出土的陶俑"南者为女，虽然被门道的石板所压倒，但保存完好，其嘴上涂的朱红还鲜艳夺目，"正反映了汉代女性的妆唇时尚。汉乐府《古诗为焦仲卿妻作》描绘刘兰芝清晨起床梳洗打扮，"鸡鸣外欲曙，新妇起严妆。著我绣夹裙，事事四五通。足下蹑丝履，头上玳瑁光。腰若流纨素，耳著明月珰。指如削葱根，口如含朱丹。纤纤作细步，精妙世无双。"就重点突出了其朱唇含丹，可见汉代对娇小鲜艳红唇的喜爱。

四、面靥

汉代还出现了一种新的面部装饰——"面靥"，也称"妆靥"，它是以粉、朱砂或胭脂点于面颊酒窝处形成的一种妆饰。在汉代文献的记载中，面靥叫"的"。刘熙《释名》解释说："以丹注面曰'的'。的，灼也。此本天子诸侯群妾，当以次进御，其有月事者止不御，重以口说。故注此于面，灼然为识，女史见之，则不书其名于第录也。"也就是说，女子面部点"的"，最初是一种女子月经来临，不能侍奉皇帝的标志，后来逐渐演变为仅有妆饰作用的化妆方式。繁钦《弭愁赋》赞道"点圆的之荧荧，映双辅而相望"，傅玄《镜赋》曰"点双的以发姿"，可见这种妆饰很有助于展现女性美丽的风姿。

第四章

汉代女性的发饰和服饰

第一节 汉代女性发髻

正如前文所述，美发是汉代人评定女性美的重要标志之一，因此汉代女性非常重视对头发的修饰，她们通过盘结发髻，或垂或扬，或短或长，表现出妩媚、娇柔、温顺、富丽、高贵等不同情态。每当一种新的发髻式样出现，往往能得到众多女子的羡慕和模仿，并得以流传。总体上我们可以把汉代女性的发型分为两种：一种是梳在颅后好似乌云低垂的垂髻，一种是盘于头顶具有巍峨之美的高髻。

一、垂髻

汉代垂髻在史书上记载有椎髻、垂云髻、堕马髻、盘髻等样式。

（一）椎髻

椎髻在文献中也称为"椎结"，是我国比较古老的传统女性发式之一。顾名思义，是将头发梳成椎形的髻，因形制与木椎相似而得名。因其式样简单、方便梳理而成为汉代普通女性日常家居的发式。《后汉书·逸民列传》载，东汉士人梁鸿有高节，娶女子孟光为妻。当孟光刚刚嫁过来"始以装饰入门。七日而鸿不答……乃更为椎髻，著布衣，操作而前。鸿大喜曰'此真梁鸿妻也。能奉我矣！'"梁鸿不愿为官，孟光初嫁梁鸿，盛装打扮，梳的可能是别的时髦发式，一连七天梁鸿都对其不理不睬。后来孟光醒悟过来，盘椎髻，穿布衣，梁鸿才接受了她，认为这样妆扮的孟光才是梁鸿的妻子。脍炙人口的爱情故事——"举案齐眉"就来源于此。从上面这个小故事也可以看出来，椎髻是汉代普通劳动女性的典型发式。其形制在湖北江陵凤凰山西汉墓出土的彩绘木俑上有所体现，也是南阳汉画像石中比较常见的女性发式。其梳编方法是先将头发拢结于前额、头顶、头侧或脑后，再把头发扎束起来，挽结成椎状，最后再用簪或钗固定。椎结可以在头两侧、脑后或顶部，其数量不固定，可挽结成一椎、二椎乃至三椎不等。这种梳理简便的发式深受古代广大平民女性的喜爱，其应用的范围最广，流行时间也最长，从商周、秦汉、隋唐，直至宋、元、明、清等。其间虽然有发式高、平、低的不同以及结椎在头的前、中、左、右、后的不同部位，但就梳编方法来说，都还是属于椎髻。

（二）垂云髻

长沙马王堆西汉墓出土的舞俑，头发前部正中分缝，而后部作髻垂于颅下，特意留出一些余发，散于后背，如乌云低垂，故名"垂云髻"，它能衬托出女子娇弱、柔媚的气质，引人注目，惹人怜爱。

（三）堕马髻

此发型西汉初已经出现，到了东汉，尤为桓帝大将军梁冀的妻子孙寿所喜爱。史载"寿色美而善为妖态，作愁眉，啼妆，堕马髻，折腰步，龋齿笑，以为媚惑。"对照孙寿的其他妆饰，我们推论堕马髻也是极力营造女性忧愁、娇弱的情态。其形态大体与椎髻相似，也可以算是椎髻的一种，但在髻中分出一缕秀发，朝一侧飘落，给人以发髻散落之感，颈后的发髻也似坠非坠，偏向一侧，好像梳发之人刚从马上堕下，形成不稳定的动态美。乌黑的秀发与洁白的皮肤相映成趣，造成一种妩媚可人的风姿。南朝徐陵《玉台新咏·序》有"妆鸣蝉之薄鬓，照堕马之垂鬟"之句，可见堕马髻流行时间之长，一直到南北朝还受到广大女性的喜爱。它的样式在汉代出土文物中可以看到。

堕马髻在东汉时曾风靡一时，慢慢演变为倭堕髻。如"头上倭堕髻，耳中明月珠"，南朝萧子显《日出东南隅行》的"逶迤梁家髻，冉弱楚宫腰"，都是堕马髻的遗式。又因孙寿为梁冀妻子之故，亦称作"梁氏新妆"。此外，西汉成帝时，赵飞燕的妹妹赵合德在入宫后也曾经将头发卷高为椎状，史书上称她这种髻形为"新兴髻"。这些发式其实都是椎髻的变化，是她们掌握了椎髻梳编方法，加以变化后创制出的新发式。

（四）盘髻

盘髻是垂髻的一种，也是汉代女性常常梳理的一种发型。马王堆一号墓北边厢出土的 10 件高级侍俑，她们的发型即有两种，一种是我们前文所说的垂云髻，另一种即是盘髻。侍俑头髻至脑后挽回，总成一束，平展盘旋于顶，雕刻非常细致。头发雕成后，再用墨染黑。木俑均墨绘眉目，朱绘双唇，面容清秀，神态娴静，配以乌黑如云的盘髻，充分展示了东方女性的温柔之美。作为上层社会的贵夫人常常是社会时尚的引领者，马王堆一号墓墓主轪侯夫人辛追出土时身着华服，梳的就是盘髻式。因其年老头发稀疏，便在真发的下半部缀连假发，梳理成盘髻，然后再在发髻上插玳瑁质、角质和竹质梳形笄三支，在其前额及两鬓还有形状各异的木花饰品二十九件。同墓帛画中描绘的轪侯夫人形象，也是头插步摇，发型梳理成盘髻发式，端庄富贵。而立于其后的侍女，身着广袖长袍，发型亦梳成盘髻式，显得婀娜多姿，别有意味。

二、高髻

高髻亦称"大髻"。汉代女性发髻以高大为美、为贵，这种审美观源于先秦以来所形成的以崇高、巨大为美的观念。在古人看来，高大的发髻寓有高贵、华丽之意，并给人以美感。同时，古人又认为身体发肤皆受之于父母，不可毁坏，相应的头发也会又多又长，也为高髻的产生提供了可能性。此外，梳高髻也能在视觉上提高女子的身材高度，增加修长之美感，因此高髻一直是古代女子喜欢的发型。但从实际条件看，只有皇帝的后妃、贵妇、宫女、舞伎才有梳高髻的可能。首先，梳高髻一般要掺杂假发，而普通女子是得不到别人的头发来作假发的；其次，高耸的发髻自己很难修饰，需要专人梳理，一般平民之妇是无力雇佣侍女的。所以，高髻除了美的含义，还有鲜明的社会意义。汉代有民谣曰"城中好高髻，四方高一尺"，虽未免有夸张的成分，但也从中可以看出高髻在长安上层女性中的流行程度。南阳汉画像石中的女性也大都梳着高髻，由于编梳方法的不同，又分为不同的造型。

高髻的编梳方法主要有以下几种。

（一）结鬟法

结鬟式高髻多用铁丝先做成环形，在铁环上缠绕适量的假发，使用时直接套在头上；或者是将头发分股，以黑缯缠系，接着挽成环形，并在其内用铁丝等支撑固定。此种高髻结的环数量不定，有结一个环的，也有结若干个环的。河南密县打虎亭东汉壁画上有梳三鬟髻的女性形象，南阳汉画像石中也有若干梳结鬟式高髻的女性形象，在史料中记载汉代梳此发型的女子环数有多达九环、十二环的，被称为"九鬟仙髻""十二鬟仙髻"。汉代以后，结鬟式高髻常见于画作中的仙女以及舞蹈中扮演仙女的舞女等。

（二）盘叠法

该种梳编方法是先用丝线将头发分股拢结系起，然后再用盘、叠等各种手法，让发髻形成上尖下大的形状，并放置在前额、脑后、头顶或两侧。此种方法盘叠的髻形可以是多种多样的，南阳汉画像石的女性有采用此种方法盘叠出似青螺的髻形，称之为"螺髻"。汉惠帝的孝惠皇后张氏就曾梳螺髻，《鲁元公主外传》中描绘她"云髻峨峨，首不加冠而盘髻如旋螺"。盘桓髻是汉唐时期的长安女性所偏爱的髻式，唐马缟《中华古今注》记载："长安妇女好为盘桓髻，到今其法不绝"。这种髻式的梳编法类似盘叠法，但主要用盘的方法，将发盘曲交卷，盘桓于头顶。南阳汉画像石中的女性梳盘桓髻的情况也较常见。盘桓髻虽不及螺髻那样高耸，但梳此髻的女性显得较为干练、持重。此外，汉代的高髻还有三角髻、百合髻等。百合髻流行于东汉明帝时，是一种和垂髻结合形成的发式，受垂髻的影响，女性开始在梳高髻的同时，也在各种髻式下面留一缕头发，借以增添媚趣。这缕头发也被称为"分髾""垂髾"，直到魏晋仍盛行不衰。南阳汉画中还有一种圆髻，类似明清时期流行的"牡丹头"，编梳时将一头长发向后、向上梳，在头顶后部盘绕成圆形的发髻，脑后头发梳成下垂的燕尾状。此种髻型头发大部分梳在头顶，严格来说也算是高髻的一种，但是因为基本不使用假发，所以看起来也就不像前述的高髻那么夸张高耸。此种髻型显得女性成熟稳重，表现出非常高贵的气质。

（三）拧旋法

拧旋梳编方法是将头发先分成几股，然后类似拧麻花地把头发扭转蟠曲地盘缠于头上，南阳汉画像石中也有女性采用拧旋法编梳的高髻。拧旋法编梳的高髻，髻型生动舒美，变化形式多样，可将头发随意旋扭于头顶、头侧或头前，其中最为著名的就是后来的灵蛇髻。灵蛇髻的由来有一段神奇的传说：三国时期魏文帝曹丕的皇后甄氏在进入魏宫后，有一次见到"宫庭有一绿蛇，口中恒有赤珠若梧桐子大，不伤人，人欲害之，则不见矣。每日后梳妆，（绿蛇）则盘结一髻形於后前，后异之，因效而为髻，巧夺天工。故后髻每日不同，号为灵蛇髻"❶。由此可见此种发式像一条盘旋的蛇，随意扭曲、灵动飞扬。

（四）反绾法

这种方法是将头发先往后拢高，再用丝线束起，接着分成若干股，根据需要可以翻绾出各种样式。史书中的"单刀髻"就是将头发翻绾成一把刀形。若翻绾成左右对称的一对刀形，呈双刀欲展之状，就是史书所载的"双刀髻"。"朝天髻"，顾名思义就是绾成朝天状的发髻。除此之外，史书记载还有把头发绾成扇形、云朵状，乃至凤凰、黄鹂及鹄等鸟形的。

---

❶ （明）董斯张.广博物志［M］.长沙：岳麓书社，1994.

第四章 汉代女性的发饰和服饰

（五）双丫髻

双丫髻也是高髻的一种。双丫髻也叫丫鬟，是少女在头两边梳理两个小髻，活泼可爱。古人女子在及笄后头发就要留下不能再剪了，并且还要梳起左右对称的双髻。这种双髻的形状好像树枝的丫杈翘于头顶，因此这种发式在古代叫作"髻丫"，而一些地区的方言则又称为"丫头"。双丫髻是在"丫头"基础上的一种发展和变化，是双挂式中最常见的发式，其梳编法是将发平分两侧，再梳结成髻，置于头顶两侧。前额外多饰有垂发，俗称"刘海儿"，一般多用于侍婢、丫环。此种发式在南阳汉画像石中也有踪迹可寻，通过和南阳汉画中其他女性形象的对比可以看出，这两图中侍女的年龄应该是比较小的，这说明至迟在汉代，双丫髻就已经成为少年婢女的通用发式了。

盘绕高髻需要一头健康、亮丽的秀发，因此汉代女性也以长发为美，头发的长度、色泽以及发髻的样式都是衡量女性容貌的重要标准。汉明帝的马皇后"为四起大髻，但以发成，尚有余，绕髻三匝"。马皇后的头发极长，只用自己的头发就可以梳成四起大发髻，头发还有余，还可以再盘绕多次。她的这头美发的确是健康的、浓密的，实在是令人羡慕。当然拥有这样美发的人只是少数，大部分人盘绕高髻还需要借助假发。

第二节　汉代女性发饰

汉代女性对美的追求造就了当时种类众多的发饰，主要有以下几种。

一、假发与假髻

关于假发和假髻，前面提到汉代女性偏爱高髻，高耸的发髻依靠自身的头发往往达不到理想的效果，这就需要借助假发和假髻了。

假发和假髻早在先秦时期就已经存在了，《诗经·鄘风·君子偕老》有云："鬒发如云，不屑髢也。""鬒发"是指浓密的黑发，"髢"意为假发，此句夸赞美丽的贵妇人头发乌黑稠密，柔美如云，用不着妆衬假发。《诗经·召南·采蘩》这样写道："被之僮僮，夙夜在公。被之祁祁，薄言还归。"被，通"髲"，是用头发编成的假髻，"僮僮""祁祁"，都是形容假发丰盛的样子。《周礼·天官》中记载当时掌管冠冕的官员是"追师"，其主要负责："掌王后之首服，为副、编、次、追、衡、笄"。首服，从字面意思理解就是头上的服装，也就是妆饰头发的饰物，主要有副、编、次、追、衡、笄等几种。东汉学者郑玄对此有注云："副之言覆，所以覆首为之饰，其遗象若今之步摇矣，服之以从王祭祀。编，编列发为之，其遗象若今之假紒矣，服之以告桑也。次，次第发长短为之，所谓髪髢，服之以见王"❶。"副"义取于"覆"，意指覆盖在头上作为装饰的假发；"编"，就是后之"辫"，即编起来作为装饰的假发；而"次"，义取于"次第"，就是将长短头发依次编织做成首饰。可见，"副""编""次"就是我国最早的假发，是当时贵族女性如王后、君夫人等在勤见天子、拜谒祖庙、祭祀等重要场合专用的头部装饰品。古人视头发为人之精华，又因"发肤受之于父母"，不能轻易剪发，否则要负不孝之罪，所以古时假发十分稀缺，来源主要是犯了髡刑的犯人的头发，价格十分昂贵，平民女性买不起假发，就剪纸衬托头发，使发髻高耸。史书中还记载有统治者蛮横地强取别人头发以为假发之用的。《左传·鲁哀公十七年》载："公自城上见己氏之妻发美，使髡之以为吕姜髢。"

大约在东汉时期，出现了"假髻"这个名称，亦有记作"假紒""假结"。《后汉书·东平宪王苍传》："今送光烈皇后假紒、帛巾各一，及衣一箧，可时奉瞻。"《后汉书·舆服志》"皇后谒

❶ 李学勤.周礼注疏[M].北京：北京大学出版社，1999.

庙服"条中记载皇后在拜祭祖庙时的服饰颜色为"绀上皂下"，配饰则有"假结、步摇、簪珥"等。当时的假髻大多是用铁丝做成发式的框架，外编以假发，做出各种各样的髻形，如单刀形、双刀形、扇形、云朵形、凤凰形、蛇形、螺形等，用时戴于头上，亦称之为"假头"。假髻初期是专供皇后使用的首饰，并且使用的场合也有限制，只是在参加重要活动时才佩戴假髻。后来，假髻逐渐流行开来，平民女性也可以佩戴了。南阳汉画像石中就有大量佩戴假髻的侍女形象，其中的女性都梳有超乎寻常的高大发髻，无疑是佩戴了假髻才能产生如此的效果。

二、頍和帻

汉代"罢黜百家，独尊儒术"，当时的人们十分重视礼教，对外貌要求也是很高的。具体到头发上来说，当时认为在一般的情况下，应该保持头发干净整齐，没有乱发露出，而"蓬头垢面"的状态只能出现在内心十分哀伤，顾不得礼教的情况下，是一种特殊的状态。为了保持头发干净整齐，頍和帻是汉代男女都常用的发饰。

頍，最早出现在商代，男女都可使用。它是用布帛折成长条，系扎时绕额一周，形状像头箍。《诗·小雅·頍弁》云："有頍者弁，实维在首"。《后汉书·舆服志》中记载："古者有冠无帻，其戴也，加首有頍，所以安物。故《诗》曰：'有頍者弁'，此之谓也。三代之世，法制滋彰，下至战国，文武并用"。頍制作简单，使用方便，既可以单独佩戴，用于保持发式固定，也可在戴冠之前，用頍为衬，以免冠体滑坠。

帻的出现按照《后汉书·舆服志》的说法要晚于冠和頍，所谓"古者有冠无帻，其戴也，加首有頍，所以安物"。帻最早出现在战国时期，"秦雄诸侯，乃加其武将首饰为绛袙，以表贵贱"，这种帻非常简单，就是一件用于缠头的巾，把头发包上，防止头发散落遮挡视线，这和今天某些少数民族的缠头非常相似，帻又常称为巾帻。到了汉代，帻的形制变化十分明显，先是"汉兴，续其颜，却摞之，施巾连题，却覆之，今丧帻是其制也。"此时的帻在之前的基础上增加一个名为"颜题"的帽圈，并且用巾连接颜题，覆盖头部，样式和当时的丧冠非常相似。到了汉文帝时"乃高颜题，续之为耳，崇其巾为屋，合后施收"。此时帻的形制得到了进一步改进，其主要变化是加宽了在额部的颜题，增加了垂耳，在帻后施以开口，另外还用巾做"屋"（犹如房屋的屋顶），如果"屋"高起部分像"介"字，就称为"介帻"；如果"屋"呈平顶状，就称为"平顶帻"。这样，帻的形式大体就与帽式类似了。帻本来是卑贱的执事人员和普通平民所使用的头衣。蔡邕《独断》云："帻者，古之卑贱执事不冠者之所服也"。因为帻为软质，较硬质的"冠"戴起来舒服得多，后来，着帻者就不限于下层人民了，所谓"上下群臣贵贱皆服之"。只是形制和佩戴方式不同，如文官的帻耳较长，武官的帻耳较短，未成年的童子戴的帻无屋，表示未成年。在汉代特别是东汉时期，人们日常戴帻的现象是十分普遍的。在南阳汉画像石中，帻也是女性形象比较常见的发饰。

三、冠

冠在古代有狭义和广义之分，狭义的冠主要是指古代的礼帽，如男子在二十岁时要行成人礼，依次加缁布冠、皮弁、爵弁；广义的冠则指帽类的总称。广义的冠在古代种类十分繁多，仅就汉代史料来说，其中记载的冠的名称如长冠、通天冠、委貌冠、远游冠、爵弁、却敌冠、进贤冠、高山冠、武冠、法冠、方山冠、建华冠、樊哙冠等就有数十种之多。古代只有皇后、王妃、命妇等社会地位较高的女子能够戴作为礼帽的冠，而广义帽类的冠原则上男女均可佩戴，如南阳汉画像石中就有一批戴冠的侍女形象，只是后来为了突出发式的美观，女性戴冠的现象就不多见了。

以上种种样式的发髻体现了汉代的审美情趣和时代风尚，但从中我们也不难发现，如云的发髻也鲜明地体现了阶级区分。优越的社会地位和富足的物质条件决定了贵族女性在发髻的梳理过程中，追求标新立异和高大巍峨之美，以表现自己的尊荣并引领时代潮流。而广大劳动女性为生计所累，没有时间和精力去整理发髻，她们的发式更多的是体现朴实无华之美。如陕西临潼出土的西汉早期女跪俑，发式是在前额将头发分开，然后在脑后随意挽一个髻。故宫博物院收藏的汉代女坐俑，她的发式是将脑后头发分成若干小缕，然后再向中折、固定。这两种简单的发髻和前面所述的椎髻一样，应是那些日夜劳作不休的下层女性常用的发式。

第三节　汉代女性服饰

我国历代服装虽然种类繁多，其制各异，但在形式上，却只有两种最基本的类型：一为上衣下裳制，一为衣裳连属制。先秦时，主要是上衣下裳制。上身所穿为"衣"，下体之衣为"裳"，《诗经》曰"绿衣黄裳"即指此。以后的"袴褶""襦裙"等都是这种服式的遗制。春秋战国之际，又出现了一种服式，将上衣下裳连为一体，名为"深衣"，后世的袍褂、长衫，都是在深衣的基础上发展而来的。汉代女性服装，大体也是沿袭前代服装形制分为两种：深衣和短衣（上衣、下衣）。

一、深衣

汉代女性礼服，承袭古制，以深衣为主。关于深衣的形制，在先秦的儒家经典，如《礼记·玉藻》《礼记·深衣》中都有记载，其基本特点是：衣裳相连，"续衽钩边"，即将前襟接出一段，穿时绕至背后，依据前襟接出那段形式的不同，下摆有的呈三角形，有的为直线形。深衣又可分为直裾和曲裾，通常将曲裾深衣称为深衣，直裾深衣叫"襜褕"。后来又演变为袍，这一形制的服装多为汉代宫廷贵妇和上层女性所穿。"襜褕"后来演变为女子的常服，而曲裾深衣和袍则成为汉代女性参加重要仪式（如入庙助祭、婚嫁等）的正式礼服。汉代女性的"深衣"，呈现出凝重、典雅的风格，体现了当时女性服饰严格的等级区分。

曲裾深衣一般为长袖多层绕襟形制，特点是：将衣襟接得极长，穿时在身上缠绕数道，每道花边显露于外，形成几重，这样，前襟花边与领口、袖口花边遥相呼应，别有一番风韵。服装通身紧窄，长可曳地，下摆一般呈喇叭状，站立或行动时看不见脚，不仅可以展现女性姣好苗条的身材，还可以表达女性含蓄柔美的气质。它的衣袖有宽窄两种，衣襟角处缝一根绸带系在腰部或臂部，由于深衣的前襟被接出一段，穿时必须将衣裾即衣身的下摆绕至身后，这样就形成了曲裾。这种深衣样式，在很多考古发现的形象资料中都可以看到，如湖南长沙马王堆一号汉墓出土帛画上轪侯妃就身着一件垂胡形衣袖的长深衣，深衣上饰着华丽的花纹，她身后两个侍女穿着同样的深衣，但色彩纹饰都不如轪侯妃的深衣。说明汉代深衣是多数女性的礼服，只是通过不同的颜色、质料和佩绶来区分身份的尊卑高下。

（一）长袖单层曲裾深衣

衣服通身紧窄，长可曳地，腰部系带，下摆呈喇叭状，衣服前部略短，可以露出漂亮的鞋尖，衣袖有宽窄两式，袖口大多镶边。衣领部分很有特色，通常用交领，领口很低，以便露出里衣，如果穿几层衣服，每层领子必露于外，最多的达三层以上，称"三重衣"。这种形制的服饰形象资料发现得很多，长沙马王堆一号汉墓出土有这种服装的实物。

（二）半臂曲裾深衣

在实际生活中，深衣也有半臂形式，河北满城出土的长信宫灯铜人即穿半臂曲裾深衣。长信宫为刘胜母窦太后所居，该铜人的服饰反映的是长信宫女的装束。宫女头发中分，垂脑后作髻，外着半臂深衣，内衬衣服的领和袖镶有宽边的大袖袍。这种深衣除了衣袖为半臂，形制上和曲裾深衣基本相同。

（三）袿衣

东汉时期女性深衣发展变化最显著的部位在衣裾，这时的衣裾多被裁成数片三角形，穿时几片叠压相交，因其上广下狭，形同刀圭，而被称为"袿衣"。《后汉书·光武帝纪》记"时三辅吏士东迎更始，见诸将过，皆冠帻。而服妇人衣，诸于绣镼，莫不笑之。"注曰："诸于，大掖衣也，如妇人之袿衣。"江苏徐州铜山出土的陶俑所穿服饰与文字记载的袿衣相近。

（四）直裾深衣

此种深衣在文献中又称为"襜褕"。它与曲裾深衣的共同之处是衣裳相连，"被体深邃"，不同之处在于"襜褕"的前襟下摆是直垂的。《说文》曰"直裾谓之襜褕"。西汉时，"襜褕"已成为女子的常服，所以《史记·魏其武安侯列传》记载武安侯田蚡"襜褕入宫，不敬"，原因在于"襜褕谓非正朝衣，若妇人服也。"这种服制的款式比较宽松，不像曲裾深衣那样紧裹下身。湖北江陵凤凰山西汉墓出土的女俑穿的就是直裾深衣。湖南长沙马王堆西汉墓出土的女服实物中，也有三件直裾服装，衣襟右掩之后，尚多余一段，呈垂直状，穿时折向背后，形成直裾。古代裤子最初无裆，仅有两条裤腿套到膝部，用带子系于腰间，这种无裆的裤子穿在里面，需要用外衣遮挡严实，如果裤子外露，是十分不敬之事，外面要穿通身紧窄的曲裾深衣。穿直裾深衣不能遮掩住里面的裤子，所以是日常生活中的衣服，不能作为正式的礼服。然而，随着服饰的日益完备，裤子的形式也得到改进，逐渐出现了有裆的裤子。由于内衣的改进，曲裾绕襟深衣已属多余，至东汉以后，直裾逐渐普及，并代替了曲裾。

（五）袍

袍和"襜褕"一样，也是在深衣的基础上发展而来的，最初穿在里面，是一种纳有絮棉的内衣。刘熙《释名·释衣服》解释说"袍，苞也。苞，内衣也"。《礼记》也称"袍必有表"，意思是凡着袍，外面都要加罩服。后来，由于裤子的改进，袍不用再加罩衣，可以直接穿在外面。常在袍上，施以重彩，绣上各种花纹，在领、袖、襟、裾等部位缀以花边，发展到后来，袍变成了礼服，甚至女子在一生最隆重的婚嫁时刻，必须穿上这种服装。袍服由内衣变为外衣，正值"襜褕"流行时期，由于汉代袍服纳有棉絮，不便产用曲裾，所以式样上较多地倾向于直裾，时间一长，这两种服装渐渐融合，成为一种服装，不论有无棉絮，统称为袍，"襜褕"的使命便随之结束。汉代袍服的另一特征是衣袖宽博，尤其是臂肘之处，往往做得十分宽大，形成圆弧，这个下垂的袖身被称为袂。另外，从新疆民丰尼雅东汉墓出土的"万事如意"锦袍，可以看出袍也有对襟形式。汉代的袍一般指丝绵袍而言，长沙马王堆出土的汉代贵妇丝绵袍，有素娟丝绵袍，朱罗丝绵袍、绣花丝绵袍、黄地素缘丝绵袍、泥金锦彩绘罗纱丝绵袍、泥银黄地纱袍、彩绘朱地纱袍、素罗丝绵袍、素菱形罗袍、红菱纹罗绣花袍等十余种。

二、短衣

（一）襦

汉代贵族女性，一般在重大礼仪场合着长衣，平时家居则穿短衣，而身份卑下的劳动女性，几乎终身穿着短衣。短衣中最常见的是"襦"，《说文》曰"襦，短衣也"。《急就篇》颜师古注曰"襦自膝以上"，又曰"襦衣，外曰表，内曰里"，可知襦外有表，内有里，中填以棉絮，是一种棉夹衣。由于汉前期深衣的流行，"襦"

虽早已出现，但被女性作为一种常服来穿，当为汉代后期之事。周天游在《西京杂记》注中说，直至汉献帝时，才出现上襦甚短而下曳长裙的新风气❶。因为"襦"通常很短，仅仅及腰，所以也被称为"腰襦"，颜师古注《急就篇》曰："短而施要者襦"，可见襦是仅及腰部的棉夹衣。由于襦的下摆多束在裙内，所以从形象资料中很难看出其长度。至于其他部分的形制，则可以从图像中了解。总体看来，汉魏时期的短襦多采用大襟，衣襟有掩，袖子有宽窄两种，以窄袖为主。武威汉墓出土的短襦，即为窄袖，中纳丝绵，袖端接一段白色丝绢。河南密县打虎亭汉墓壁画所绘人物，凡穿短襦者，袖端多绘有一段白色，应当是接袖，看来在袖端接袖，是当时短襦的一大特征。制作襦的材料视季节不同而有所不同，常见的有绢、罗、纱、縠及织锦等。襦初以单色平纹绢为主，如甘肃武威磨咀子汉墓出土的一件短襦，以蓝色平纹绢制成；朝鲜乐浪彩箧冢出土的汉画，共绘女性八人，其上襦均作素色，不绘纹样。东汉以后，女性们开始在襦上绣织各种图案，一时蔚然成风，刘兰芝的"妾有绣腰襦，葳蕤自生光"，胡姬的"广袖合欢襦"，秦罗敷的"紫绮襦"都是这种上衣，汉代女性凭借自己的聪明才智，将短襦制作得华美而富有情致，体现了这一时期广大劳动女性服饰审美的整体风貌。

（二）半袖

汉代女性的上衣，并非全为长袖，刘熙《释名·释衣服》云"半袖，其袂半，襦而施袖也"，说的就是这种服式，也就是短袖的外衣被称为"半袖"。《后汉书·光武帝纪》注曰："杨雄《方言》曰'襜褕，其短者，自关之西谓之裋褕，郭璞注云'俗名襦掖，即是诸于上加绣褅，如今之半臂也。'"汉代"半袖"的具体样式，在形象数据上多有反映，一般是大襟、交领，衣长至胯，袖长至肘，袖口宽博，并加以缘饰。穿时有外着短袖而内着长袖的，四

---

❶（晋）葛洪．西京杂记[M]．周天游校注．西安：三秦出版社，2006．

川忠县汉墓出土的抚琴女俑，重庆化龙桥汉墓出土的杵春女俑以及成都永丰汉墓出土的持镜女俑，在长袖衣外，都加着一件半袖衣。四川成都永丰汉墓女俑在颈部覆一层披肩，这种披肩即后世云肩的前身，洛阳卜千秋墓壁画中墓主夫人，就披有披肩。

（三）裙

下衣，包括裙、袴，是汉代女性为配合上身的短襦而制的下部服饰。虽然早在春秋战国时期就已经出现，但到了汉代，由于深衣的普遍流行，穿这种服装的女性逐渐减少，到了汉代后期，才又流行开来。❶

汉代女性穿襦，下身多配以长裙，因而有"上襦下裙"之说。一般上襦极短，只到腰间，而裙子很长，下垂至地，考古资料多有发现。1957年在甘肃武威磨咀子汉墓中就发现了襦裙实物，裙子纳有丝绵，质地为黄绢，可惜由于年代久远，这套服装在出土时就已经粉化。另外，连云港汉代陶俑❷、河南密县打虎亭汉墓壁画所绘女性形象都是上裙下襦服制。裙是我国女性服装中最基本的形制之一，自战国到清代，前后两千多年，尽管长短宽窄时有变化，但基本形制始终保持着最初的样式。

汉时的裙多用四幅素绢拼合而成，上窄下宽，呈梯状，不用任何纹饰，不加缘，因此得名"无缘裙"。另在裙腰两端缝上绢条，以便系结。湖南长沙马王堆出土的服装中，还保存着完整的裙子实物，其制以四幅素绢拼成，裙腰也以素绢为之，两端分别延长

❶ 徐蕊.汉代女性服饰的考古学观察[D].郑州：郑州大学，2005.

❷ 李洪甫，石雪万，等.连云港地区的几座汉墓及零星出土的俑[J].文物，1990（4）：80-93.

第四章 汉代女性的发饰和服饰

一截，以便系结，整件裙子不用纹饰，也无缘边。东汉以后，裙上施褶裥已成通例，并以细裥为美。❶此时女子的裙上不加缘就成一种简朴的象征，如《后汉书·皇后纪上》记马皇后"常衣大练裙，不加缘，特崇俭也。"汉代裙子的款式十分丰富，《飞燕外传》记述赵飞燕穿的是南越进贡的"云英紫裙"，后宫嫔妃纷纷仿效这种有褶皱的长裙，称为"留仙裙"，刘兰芝穿的是"绣夹裙"，曹植笔下的洛神穿的是生丝织成的绢裙，这种绢裙拖曳在身后，轻薄得像是一层淡雾，给人一种如梦如幻的感觉。裙子的美化效果如此强烈，以至于当时女子最喜欢得到的礼物是情人送的"纨素三条裙"❷。

（四）裤

春秋战国时期已出现裤子，江陵马山一号楚墓中就出土有棉裤❸，但当时裤的形制还极不完备，汉初裤子最初无裆，仅有两条裤腿套到膝部，用带子系于腰间，汉代女子所穿的裤也称"绔、袴"。据说有裆裤的出现是宫廷政治权谋的产物，汉昭帝时，权臣霍光为了保证自己的外孙女——上官皇后得到皇帝的专宠，下令宫女都穿有裆裤，这种裤子叫"穷裤"，也称"绲裆裤"，此后"后宫莫有进者"❹，至此，有裆的裤子才开始出现，之后风行全国，也表现了当时下层民众对上层服饰创造的自发趋同。东汉末年，一种新型的裤子非常流行。它的样子很宽松，尤其两只裤管，十分肥大，因此得名"大口裤"。和大口裤配套的上衣，却比较窄小紧身，俗名"褶"。褶与大口裤一起穿时，人称"袴褶"。因它能更好地显现出女性的纤腰丰臀，使得女性的身材修长苗条，所以舞女穿

---

❶ 梁简文帝《戏赠丽人》有"罗裙宜细裥"之句。

❷ （东汉）繁钦，《定情诗》见《玉台新咏》，北京：中华书局，1985。

❸ 湖北省荆州地区博物馆.江陵马山一号楚墓[M].北京：文物出版社，1985.

❹ 《汉书》卷九十七《外戚传》。

着较多。如洛阳出土的汉墓壁画，女舞者多上穿舒袖衣，下着喇叭形裤装，细腰紧束，腰带飘曳。**❶**

三、舞服

汉代女服的领导者是京师贵妇和歌女舞女阶层，特别是封建社会女性的特殊阶层——乐女。她们衣着华丽、浓妆艳抹，上交帝王将相，下交文人名士，比一般的女性拥有更多的身心自由和精神空间，并少有礼教桎梏，她们敢于大胆流露真情，其炽烈程度非一般女子所能比。正如林语堂在《中国人》中所说"她们比那些家庭主妇更有教养，更独立，更容易处理男人的社会，事实上，她们是中国古代解放了的女性。"卫子夫、李夫人、王翁须、赵飞燕姐妹均是乐女出身，由于技艺或姿色超群而得到统治者的宠爱，入主后宫，因此她们往往引领服饰的潮流。崔骃《七依》云"振飞縠以舞长袖，袅细腰以务抑扬"，道出了"长袖""细腰"是汉代舞蹈的两个重要特点。长袖是舞女们表现曼妙身姿的工具，也是她们表情达意必不可少的手段。长袖一般有两种形制：一种是在袖端稍微缩小口径，然后接上筒状或喇叭口形的长袖，犹如衣袖的延长；另一种是在袖口缀上条形的长飘带。北京大葆台西汉墓出土的玉舞人，一袖上扬过头顶，另一袖卷曲下垂，纤腰微折，长裙曳地，如风拂杨柳，轻盈优美。周口出土的一件褐玉质舞女**❷**，一手举过头顶，长袖随之飘落，舞姿翩跹，别有一番韵味。而西安白家口出土的汉舞女俑两臂长袖呈薄片状，一片横甩身后，另一片高举将落未落，从前后左右四个侧面看均各具风采，使人

---

❶ 洛阳市第二文物工作队.洛阳偃师县新莽壁画清理通报[J].文物，1992（12）：5.

❷ 周口地区文物工作队,淮阳县博物馆.河南淮阳北关一号汉墓发掘简报[J].文物，1991（4）：43.

惊叹长袖为舞女的舞姿增添的巨大艺术表现力。汉代舞服的另一特色就是束腰，这在各种出土实物上都可以看到。如济源汉墓着裤陶舞俑、洛阳画像砖着裤舞女，均穿着我们上文提到的"袴褶"，纤纤细腰，不盈一握。当宫女、舞伎穿上用轻薄柔软的丝绸做成的舞服后，婀娜的身段一览无余，举手投足之间，动人心魄、惹人心醉。这在傅毅《舞赋》、张衡《西京赋》中都有很好的描写。

汉代国家一统，社会相对安定，经济繁荣，民族融合和中外交往也发展到了一个新的阶段，这一切使得汉代女性服饰质地越加精良，纹样越加繁丽，式样越加出新，呈现了多彩多姿的特点。如果说服饰的发展是社会文明进步的一个标志，那么，汉代女服就充分地体现了汉代社会的辉煌与多彩。

第五章 唐代女性的面妆

"晓日穿隙明，开帷理妆点。傅粉贵重重，施朱怜冉冉。柔鬟背额垂，丛鬓随钗敛。凝翠晕蛾眉，轻红拂花脸。满头行小梳，当面施圆靥。最恨落花时，妆成独披掩"。❶

女子清晨起来，对镜梳妆，傅粉施朱，挽鬟敛鬓，描蛾眉，画斜红，贴花钿，施圆靥，一个不落，一丝不苟。妆成之后，悄然独立，斯人不在，惆怅之情油然而生。这是唐代诗人元稹对当时女子化妆程序的一个完整而细致的描绘，从中我们可以看到唐代女性完整的化妆过程。

第一步	第二步	第三步	第四步
敷铅粉	抹胭脂	画黛眉	贴花钿

第五步	第六步	第七步	
点面靥	描斜红	涂唇脂	

唐代女性面妆是在继承汉魏面妆习俗的基础上形成的，具体

❶ （唐）元稹，《恨妆成》见《全唐诗》卷四二二。

包括在脸部进行粉妆、眉妆、眼妆、胭脂（或红妆）、唇妆、额黄、花钿、妆靥及斜红等的妆饰行为。有三大程序：第一为基本妆饰，即傅粉施朱；第二为重点妆饰，也就是重点对眉毛、眼睛进行修饰；第三为额外妆饰，即用化妆材料在脸上绘以或贴上一些额外的妆饰，这些妆饰是人体面部本来所没有的，包括额黄、花钿、妆靥及斜红。前两者是女性最常采用的化妆方法，一直沿用至今。而后者在唐代十分独特和盛行，为历代所少见，也是唐女性化妆的一大特点。

一、粉妆

我国传统的审美习俗是以白为美。《诗》曰'素以为绚兮'素，就是白，'妇人本质，惟白最难'"。[1]晋武帝为太子纳妃，欲婚卫瓘女，谓卫公女有五可，（一）种贤，（二）多子，（三）美，（四）长，（五）白。[2]肤色白皙占了其中很重要的一条。唐代，女性审美习俗仍传承前代的标准，以顾长洁白为美。玄宗为太子选妃，"嘱力士选民间女子顾长洁白者五人"。[3]美貌冠绝的杨贵妃"雪肤花貌"，常作"白妆黑眉"。晶莹洁白，娇美无比，引起了许多人的效仿。而且因唐代社会风气开放，女性有着宽松衫裙、袒胸露乳的习尚（此习俗从永泰公主墓壁画中已见端倪，可见初唐时期已经流行，中唐以后尤为习见）。因此，要求女性涂粉，不仅限于面部，还要在颈、胸、背，乃至全身涂以粉饰。唐温庭筠《女冠子》词："雪胸鸾镜里"，方干《赠美人诗》"粉胸半掩疑晴雪""常恐胸前春雪释"等诗句所形容的正是这一习俗。正因为如此，唐代女性粉使用量大增。唐玄宗时期，因为杨贵妃的缘故，其姐妹

---

❶ （清）李渔，《闲情偶寄》。

❷ 《晋书·列传第一·后妃上》。

❸ （宋）王谠，《唐语林》卷一。

也都十分得宠，"韩、虢、秦三夫人岁给钱千贯，为脂粉之资"❶，可见脂粉的开支是十分惊人的。

　　唐代由于物质的丰富和技术的提高，粉的品种日益增多，出现了贵妃粉、龙消粉、迎蝶粉等名称。贵妃粉，据说来自于马嵬坡。因杨贵妃被赐死马嵬坡，传说该坡上有土白如粉，女性用以傅面。这虽不一定真实，但可以从侧面反映唐代科技发达，能从矿物质中提炼加工出化妆品的事实存在。迎蝶粉是一种米粉，唐代宫中所用，以细粟米制成。至于龙消粉，则见于《旧唐书》的记载，周光禄的姬妾梳头所用为郁金油，妆面所用为龙消粉，染衣以沈香水。

二、眉妆

　　唐代的开放浪漫，不仅表现在政治、思想、文学、艺术上，而且渗入了眉妆这一生活细节中，令其变幻莫测，达到登峰造极的地步，在面妆中占有重要的地位。据说，隋唐两代的统治者都极其热衷画眉，颜师古在《隋遗录》中载道，隋炀帝时"由是殿角女争效为长蛾眉，司宫吏日给黛五斛，号为蛾绿。螺子黛出波斯国，每颗值十金。后征赋不足，杂以铜黛给之，独绛仙得赐螺子黛不绝"。昂贵的螺子黛助长了画眉的风气，亦使"螺黛"成为眉毛的美称。唐明皇对眉毛也十分狂热，史称其有"眉癖"。即使在安史之乱中逃难到四川的时候，还特地让画工画《十眉图》，其中有"鸳鸯眉、小山眉、五岳眉、三峰眉、垂珠眉、月稜眉、分梢眉、拂云眉、倒晕眉"等。❷ 小山眉，相传为卓文君所创，韦庄诗"花下见无期，一双愁黛远山眉"，真切地描绘了这种眉式的清淡，幽远之美。垂珠眉的眉形似两滴倒悬的水珠，在唐代

❶ 《旧唐书·后妃传》卷五十一。
❷ 《奁史选注》卷七十三，引《海录碎事》。

比较流行。月稜眉，又称却月眉，形状弯曲，似一轮新月，清闲自然，唐诗对此多有描绘，罗虬《比红儿诗》"诏下人间觅好花，月眉云鬓选人家"，杜牧《闺情》诗云"娟娟却月眉，新鬟学鸦飞"。倒晕眉是一种画成宽阔月形的眉式，从一端由深及浅，逐渐向外晕染，直至黛色消失。柳叶眉亦名"柳眉"，其眉头尖细，眉腰宽厚，眉梢细长，状如柳叶，以秀丽见长，故千百年来备受女性的喜爱。唐代诗人也多有吟咏，如张祜《爱妾换马》"休怜柳叶双眉翠"，吴融《还俗尼》"柳眉梅额倩妆新"，韦庄《女冠子》亦有"依旧桃花面，频低柳叶眉"之句。这种眉式，在阎立本《步辇图》，张萱《虢国夫人游春图》和西安羊头镇李爽墓壁画上有清晰的描绘。

然而，在唐代最为流行的还是一种阔眉，《霏雪录》中'唐时女性画眉尚阔，故杜甫《北征》诗云：'狼籍画眉阔'……余记张司业《倡女词》有'轻鬓丛梳阔扫眉'之句，盖当时所尚如此"。❶ 唐人画眉尚阔，如今已是世所公认。这种眉饰不仅粗，而且短，元稹诗云"莫画长眉画短眉"指的就是这种眉饰。唐代的阔眉形式多样，一种是粗蛾须妆，眉头紧连，尖头秀尾，配以细长的双目，别有一番风味。另一种是分梢眉，眉头尖细，愈往后愈宽，整个眉形上挑，至尾处分成两端，上端呈柳叶眉妆，这实际也是自然眉形的一种。有些女性的眉毛多而散，眉尾处聚生成一圆润的、向上翘的眉尖尖，茸茸可爱。第三种是被称为"桂叶眉"的阔眉，其形如桂叶或蛾翅，李贺诗中"新桂如蛾眉"指的就是如此。还有一种是眉尾向下，略呈倒八字形，称作"倒晕眉"或者"八字眉"。据说八字眉、远山眉、五岳眉等，均属阔眉。唐中叶以后，细眉也颇流行，白居易《上阳白发人》中"青黛点眉眉细长，……，天宝末年时世妆"，在《长恨歌》中他形容杨贵妃："芙蓉如面柳如眉"，可见开元、天宝年间女性已经以细长眉饰为时尚了。总体上来说，唐代所流行的眉变化极快，各种样式都有，

---

❶ 《奁史选注》卷七十三，引《霏雪录》。

可以概括为"广浓、细淡",具有鲜明的时代特色。

　　唐代女性喜长阔短眉,与她们的体形、面形有关。唐代是个物质富庶的社会,女性一般均体形丰满,脸面宽大,故以阔眉配之,而短而尖的眉形,可以让人显得活泼俏皮,比较年轻。据《新唐书·车服志》记载,文宗"禁高髻险妆,去眉开额,及吴越高头革履。诏下,人多怨者,京兆尹杜悰条易行者为宽限,而事遂不行"。可见,唐人在描画眉毛时,要先去眉,也就是先拔掉眉毛;还要"开额",即女性前额不够开阔者,拔去额发,因拔发之处头发青色,故以白粉敷涂妆额,称"开额",以求额际的开阔和发际的线条流畅。此风气唐后传入日本,长期盛行不衰。有时"开额"之后,仍觉额际线不太美观,唐代就出现了一种叫"透额罗"的饰额品,它用轻软透明的纱罗制成,覆盖前额后再向脑后扎去,前额覆盖至近眉处,然后梳高髻,以发将脑后的罗巾遮去。这种薄罗颜色与肤色相近,故覆盖前额后基本看不清发际,可以制造出一个随心所欲的额部。唐代诗人元稹有《赠刘采春》诗"新妆巧样画双蛾,谩里常州透额罗"指的就是这种饰物。开阔的前额,再画上挑下竖的短眉,自然也就不会再生局促之感。唐代女性这一特殊的眉式,成为她们有别于后世的面容特征。唐诗中有"桂叶双眉久不描"之语,所谓"桂叶"就是对这种短阔眉的形容。唐代盛行的阔眉在图中有形象的描绘,周昉《簪花仕女图》中的所有女性,都作这种妆式,给人以深刻印象。

唐代女性的"透额罗"
唐代敦煌壁画《乐庭环夫人行香图》

　　螺子黛是隋唐时上层贵族女性所喜爱的画眉材料,出产于波斯国,非常昂贵。它是一种经过加工制造、形如螺形的黛块。使用时只用蘸水即可，无需研磨。因为它的样子及制作过程和书画用的墨锭相似，所以也被称为"石墨"或"画眉墨"。但是因为螺子黛极其昂贵，普通人不能购买，所以大多数人使用的还是普通的石黛或者烟墨来画眉。烟墨的制造在魏晋时代已经开始，当时是用漆烟和松煤为原料，做成的墨称为"墨丸"，主要用来写字画画。这种制墨技术在唐以后有了大的发展，到宋代已臻完备，于是用烟墨画眉就流行于唐代、宋代。当然，对于普通的劳动女性来说，由于经济条件所限，她们更多的是用柳枝、杉木等烧炭，或直接画眉，或研末以饰。因此，唐代的眉饰在色彩上也极具变化。唐初其画法是以翠色的石青打底，墨黑熏点、晕染，浓淡相宜，装饰性强，色彩富于变化，故白居易有"青黛点眉眉细长"之句。唐玄宗时杨贵妃喜欢画黑眉，所谓"一旦新妆抛旧样，六宫争画黑烟眉"❶ 即指这件事。在杨贵妃新妆式样的带领下，宫中争相描画黑烟眉，那被抛弃的旧式眉样自然是翠眉了。

唐代，在唐玄宗这位风流天子的指导之下，上至皇室显贵、社会名流，下至庶民百姓、凡夫走卒，无不热衷于此，画眉风大盛。一些有才华的女子也被人称为"扫眉才子"，比如薛涛就曾获此称呼，王建写诗赠她曰："扫眉才子知多少，管领春风总不如"。明代的程嘉燧《阊门访旧作》曰："扫眉才子何由见，一讯桥边女校书。"就用了此典。

三、眼妆

眼部妆饰，在我国古籍文献记载中很少涉及，这可能与我国传统的审美观有关，也与我国人的面容特征有关。但我们从古人留下的绘画中，似乎还能看到古代女子对眼睛描画的痕迹。新疆吐蕃阿斯塔墓出土的泥俑，双目的线条极其秀丽，眼尾那

---

❶ 《全唐诗》卷四百七十四，引徐凝《宫中曲》。

种宛然的韵味，绝对是一种人工的美。敦煌榆林窟壁画中的七位女供养人，也个个眼缘修长，也有修饰的痕迹。我国古代画眉之风极盛是众所周知的，以画眉的材料深描眼缘，应该说是可能性极大之事。

　　唐代由于受到外来文化的影响，女性的眼妆颇有特点，宋王说《唐语林》中"长庆中，……，妇人去眉，以丹紫三四横约于目上下，谓之血晕妆"。这可能是唐代的一种眼妆，也是唐代的时代特色。唐代画眉尚阔，为了使阔眉不显得突兀、呆板，女性们又在画眉时将眉毛边缘处的颜色向眼睑处均匀地晕散。即元稹《叙诗寄乐天书》中所说的"妇人晕淡眉目"，也被称为"晕眉"，其实是对眼部的一种妆饰。敦煌第四十五窟十六观音图中女性的眉眼妆饰就是如此，其面部短阔之眉所涂黛色向眼睑晕散。这种装饰在唐代还被称为"檀晕"，所谓"檀"是指"檀色"，"晕"，即晕染。宋代张邦基《墨庄漫录》载曰："画工七十二色有檀色，与张萱所画妇女晕眉，所谓紫沙幂集者酷似，可以互证也"。又说："檀色，浅赭所合，古诗所谓檀画，荔红色也。妇人晕眉色似之，唐人诗词多用之"。明汤显祖在评说欧阳炯词时亦云："画家七十二色有檀色，浅赭色所合。妇女眉色似之，唐人诗词惯喜用此"。由此可见，"檀晕"妆法，是指在眼眉旁敷染一种荔红色（与上文提到的形象资料可互证），因而增加眉眼神采，使"眸子炯其精朗兮，瞭多美而可视"，❶ 所以女性争相妆饰，试以当时诗词为例，"檀妆惟约数条霞""暗砌匀檀粉"，❷ 等等，皆指这种妆法。

四、胭脂妆

　　胭脂在唐代仍是女性使用的、最基本的化妆品。实际生活中，

❶　（战国）宋玉《神女赋》。

❷　徐凝《宫中曲》，杜牧《闺情》《全唐诗》。

胭脂和粉往往结合使用，"美人妆，面既傅粉，复以燕支晕掌中，施之两颊，浓者为酒晕妆；浅者为桃花妆；薄薄施朱，以粉罩之，为飞霞妆。"❶ "酒晕妆"也称"醉妆"，以浓艳著称，"夹脸连额渥以朱粉"。"桃花妆"，面如桃花，微微粉红，轻匀细抹而成。"飞霞妆"有隐约之妙，乃"薄薄施朱，以粉罩之"而成。由于胭脂的普遍使用，使唐代女性使用红粉的人数大大增多，红妆成为唐代女性化妆的一大特点。有关唐代女性红妆的诗词很多，如"青娥红粉妆""对君洗红妆""射生宫女宿红妆"等。唐代以后，尽管女性的妆饰风俗发生了很大变化，但红妆的习俗始终不衰。

除了从匈奴传来的胭脂，唐代还用山花、石榴作胭脂。唐段公路《北户录》记载如下："山花丛生，端州山崦间多有之。其叶类兰，其花似蓼，抽穗长二三寸，作青白色，正月开。土人采含苞者卖之，用为燕支粉，或持染绢帛，其红不下蓝花"。其书又云："石榴花堪作烟支。代国公主，睿宗女也，少尝作烟支，弃子于阶，后乃丛生成树，花实敷芬"。

五、唇妆

妆唇以红，在我国起源较早。楚宋玉的名篇《神女赋》中就有"眉联娟以娥扬兮，朱唇的其若丹"，"丹"即朱砂，它是古代女性妆唇所用红脂的主要原料，《释名》曰："唇脂以丹作之，像唇赤也"。唐时女性的嘴唇以娇小浓艳为美。宋人《清异录》月言："（唐）僖、昭时，都下竞事妆唇，女性以此分妍否，其点注之工，名色差繁"。❷ 其名有胭脂晕品、石榴娇、大红春、小红春、嫩吴春、半边娇、万金红、圣檀心、露珠儿、内家圆、天宫巧、恪儿

---

❶ 《奁史选注》卷七十三，引《留青日札》。

❷ 《奁史选注》卷七十三，引《清异录》。

殷、淡红心、猩猩晕、小朱龙、格双唐、梅花奴等17种。从名称上看，妆唇的红脂颜色有大红的、淡红的、掺金粉的、粉红的等。从形状上看，有圆形、心形、鞍形，不一而足。通常的画唇方法是先涂白粉，将天然的唇形掩盖，然后以唇脂描画出自己喜爱的样式。当然，唐代女性最喜爱的唇形还是小巧丰满的，白居易的"樱桃樊素口"，岑参的"朱唇一点桃花殷"都是描写这种唇形。从现存唐代的一些出土文物中，我们可以略见当时的唇妆的样式，新疆吐鲁番阿斯塔那墓出土的女性泥俑，其唇被涂抹成花朵样，两边略描红角，望之极有动感，鲜润可爱。唐代敦煌壁画《乐庭环夫人行香图》中的女性，有的将唇画成上下两片小月芽开，有的画成上下两片半圆，有的上下两唇均为鞍形，如四片花瓣，有的则加强嘴角唇线效果，使整个唇形呈菱角妆。除了红色，唐时女性又喜用檀色（即浅绛色）点唇，如敦煌曲子《柳青娘》"故着胭脂轻轻染，淡施檀色注歌唇"就是这一情况的真实描写。

　　先秦至汉唐以前，唇脂多以盒储。因为那时的唇脂呈黏稠状，用时蘸取少许以妆唇。唐代的唇脂有盛于器皿中的，也有做成条状的，类似于现代棒式、管式口红。晚唐的《莺莺传》里，就有张生赠物于莺莺口脂的记载："捧览来问，抚爱过深。儿女之情，悲喜交集。兼惠花胜一合，口脂五寸，致耀首膏唇之饰。"口脂就是唇脂，"口脂五寸"，将唇脂的条状写得十分明白。在唐代，口脂除女性使用外，男子也可用之。不过两种口脂名同物异，男子使用的口脂，一般不含颜色，是一种透明的防裂唇膏。而女性所用的唇脂，主要是为了妆饰之用。《唐书》中记："腊日献口脂、面脂、头膏及衣香囊，赐北门学士，口脂盛以碧镂牙筒。"皇帝赐给的唇脂，应该是男士用的防裂唇膏，要放在雕花象牙筒内。

　　唐代的唇妆，对后世的影响很大，五代相沿唐风，花样繁出。到了宋代以后，变化较小，多以唇薄嘴小为美，无复唐时的活泼丰满了。

六、额黄

唐代女性妆饰的独特性还在于她们喜欢在脸上饰以繁复的妆饰，主要有浮额黄、贴花钿、拂斜红、点妆靥等几种。这可以从1973年新疆阿斯塔那唐墓206号墓出土的女俑面妆上得到印证。此俑为一女舞俑，婉转多姿、栩栩如生。她额贴花钿，颊拂斜红，浓长的蛾眉下细长的双目顾盼含情，娇小浓艳的红唇边点着妆唇，更增添了姿容的妩媚，此206号墓为高昌望族张雄夫妇的合葬墓，完成于公元688年，当在唐睿宗延和年间，这一女俑的妆饰完全体现了当时女子的化妆风貌。

额黄，又称"鸦黄"或"月黄""额山""花黄"等，以在前额上涂以黄粉，或以黄粉在眉心画作新月形而得名。唐虞世南《应诏嘲司花女》："学画鸦黄半未成，垂肩禅袖太憨生。"唐温庭筠《照影曲》："黄印额山轻为尘，翠鳞红樨俱含嚬。"都是描写的这一妆饰。

额黄起于南北朝，源于佛教，前文已有论述。涂画起来有满额、半额之分，半额涂黄是在前额涂一半黄色，或上或下，然后以清水过渡，呈晕染之状，称"约黄""轻黄"。唐代时盛行的是全涂法，亦称"平涂"，如唐裴虔余《柳枝词咏篙水溅妓衣》中的"满额鹅黄金缕衣"，温庭筠的"额黄无限夕阳山"，李商隐的《蝶》中的"寿阳公主嫁时妆，八字宫眉捧额黄"之句，描写的是眉心画黄色月牙形的装扮。关于这一妆饰的形象资料，1971年出土的乾陵章怀太子墓壁画中有额缀黄色小月的侍女像。但额上所涂黄粉究竟是何物，文献中没有明确的答案。唐王涯《宫词》："内里松香满殿闻，四行阶下暖氤氲"；春深欲取黄金粉，绕树宫娥著绛裙"。她们采集松树的花粉是不是可能供涂额之用，疑莫能明。还有一种是以黄色材料制成的薄片状饰物粘贴于额而成。与染画法相比，粘贴法较为简单，所以更受人们的喜爱。又由于可剪成各种花样，故又称"花黄"。从某种意义上说，这种"花黄"已脱离了额黄的范围，更多地接近于花钿这一妆饰。

七、花钿

花钿也是唐代女性的时髦妆饰，又名花子、媚子、面花、贴花，是施于眉心、额头或两颊的装饰。它是用金铂片、彩色光纸、黑光纸、鱼鳃骨、螺钿壳、云母片、昆虫翅翼、丝绸以及茶油花饼等为材料，经加工制成的薄片，也有直接用纸剪的，用鱼鳔胶或呵胶粘贴而成的。形状有动物形、植物形等多种，色彩多样，十分精美，很受唐代女性喜爱。它的起源，有不同的说法，五代马缟《中华古今注》认为花钿起源于秦始皇时期："秦始皇好神仙，常令宫人梳仙髻，贴五色花子，画为云凤虎飞升。至东晋有童谣云：'织女死时，人帖草油花子，为织女作孝。至后周，又诏宫人帖五色云母花子，作碎妆以侍宴。如供奉者，帖胜花子。"宋高承《事物纪原》卷三引《杂五行书》说，南北朝时"宋武帝女寿阳公主，人日卧于含章殿檐下，梅花落额上，成五出花，拂之不去，经三日洗之乃落，宫女奇其异，竞效之"。因此，故称之为"梅花妆"或"寿阳妆"。唐段公路《北户录》卷三另记一种说法："天后每对宰臣，令昭容卧于床裙下记所奏事，一日宰臣李对事，昭容窃窥，上觉。退朝怒甚，取甲刀札于面上，不许拔。昭容遽为乞拔刀子诗。后为花子以掩痕也"。则以为起于初唐。这三种说法都因传奇色彩太浓不可尽信。武昌莲溪寺吴永安五年墓与长沙西晋永宁二年墓出土俑，都在额上贴一圆点。当时佛教已在这些地区流行，此类圆点或许是模拟佛像的白毫（前额中心饰白毫是佛相妆，它与光头、头顶发髻一样，是一种佛教庄严、神圣的象征）。但其位置和形状均与花钿相近，或可以看作花钿的前身。❶ 推测起来，花钿的缘起应该有两个主要原因，其一如上文所论，和佛教盛行有关，人们出于对佛教的崇拜，产生了最初的花钿。其二因花钿本身的形状，可以掩饰伤痕，所以在李唐时期更为盛行。《酉阳杂俎》卷八载："房孺复妻崔氏，性忌，左右婢不得浓妆高髻，月给胭脂一豆，粉一钱。有一婢新买，妆稍佳，崔怒曰：'汝好妆耶？我为汝妆！'乃令刻其眉，以青填之，烧锁梁，灼其两眼角，皮随手焦卷，以朱傅之。及痂脱，瘢如妆焉。唐代妒妇现象严重，当时正妻虐待婢妾之事比比皆是，"婢妾小不如意，辄印面。故有月点，钱点。"这个风尚一出现，立即受到广大女性的欢迎。唐韦固妻"眉间常贴一钿花，虽沐浴、闲处，未尝暂去。"❷ 韦固妻眉间贴一钿花，本也为掩伤痕所用。由此我们可以清楚地看出，花钿是由于人们对佛教崇拜和掩饰伤痕两个原因结合所产生，并流行开来的。但是，在其演变过程中由于形状和颜色增多，女性仅把它作为一种妆饰方法。粘贴花钿的胶水，主要是呵胶，这种呵胶出产于北方，相传由鱼鳔制成，其胶黏性极佳，可用来胶合羽箭。当女性用其粘贴花钿时，只要对之呵气，并蘸少量口液，便能溶解粘贴，卸妆时以热水一敷，便可掀下，使用极为方便。

花钿和额黄有很多相似之处，主要的区别在于颜色。从颜色看，花钿的色彩比额黄要丰富得多。额黄一般只用一色，而花钿则有多色，它的色彩通常由材料本身所决定，有黄色、翠绿、青黑、白、黑红等。如金箔片为黄色，《簪花仕女图》中的花钿即作黄色。温庭筠词"扑蕊添黄子"，成彦雄词"鹅黄剪出小花钿"，描绘的是黄色的花钿。黑光纸为黑色，鱼鳃骨、鱼鳔为白色，翠鸟羽毛为青黑、金绿，被称为"翠钿"，即杜牧诗"春阴扑翠钿"、温庭筠词"眉间翠钿深"所咏诵的，宋徽宗摹《捣练图》中女性

❶ 孙机 . 唐代女性的服装与化妆 [J]. 文物，1984（4）：65.

❷ （唐）李复言 . 续玄怪录 · 定婚店 [M]. 北京：中华书局，1982.

的花钿就有绿色的。也有的在白色材料上涂朱红色而为艳红色，这种红色在唐代所留的图像中最多，吐鲁番阿斯塔那出土的各种绢画、莫高窟唐代壁画中女供养人的花钿，大都为红色。在翠羽上勾画金粉为"金缕翠钿"，李珣《西溪子》词中有"金缕翠钿浮动，妆罢小窗圆梦"就是这种妆饰方法。王建有诗云："腻如云母轻如粉，艳胜香黄薄胜蝉，点绿斜蒿新叶嫩，添红石竹晚花鲜。鸳鸯比翼人初帖，蛱蝶重飞样未传，况复萧郎有情思，可怜春日镜台前。"真是写尽了花钿的美丽。

在唐代，花钿除圆形的外，还有各种繁多形状。有的形如牛角，有的形如扇面，有的和仙桃相似，也有的是各种各样的花形图案；还有的绘成抽象的图案，粘贴于额上，清新别致，富有情趣。唐女性或模仿，或创新，以图引起别人的注意，表现了极大的创造性，充分显示了她们对美的追求。

序号	图例	资料来源
1		敦煌莫高窟192窟壁画
2		唐张萱《捣练图》
3		新疆吐鲁番出土绢画
4		新疆吐鲁番出土绢画
5		唐人《弈棋仕女图》
6		唐人《弈棋仕女图》
7		新疆吐鲁番出土泥头木身俑
8		新疆吐鲁番出土木俑

续表

序号	图例	资料来源
9		陕西西安出土唐三彩俑
10		阿斯塔那出土《桃花仕女图》
11		新疆吐鲁番出土绢画
12		敦煌莫高窟454窟壁画
13		敦煌莫高窟121窟壁画
14		新疆吐鲁番出土泥头木身俑
15		阿斯塔那出土《桃花仕女图》
16		敦煌莫高窟427窟壁画

八、妆靥

妆靥，即面靥，是以粉、朱砂和胭脂点于面颊酒窝处形成的一种妆饰。唐段成式的《酉阳杂俎》记载："近代妆尚靥，盖自吴孙和邓夫人始也。和宠夫人，尝醉舞如意，误伤邓颊。"后经太医治疗，但"痕不灭，左颊有赤点如痣。视之，更益其妍也。诸嬖欲要宠者，曾以丹青点颊而后进幸焉。"其实，在脸面注以红点的妆饰方法在汉代已有记载，叫"的"。汉刘熙《释名》说："以丹注面曰的。的，灼也。此本天子诸侯群妾当以次进御，其有月事者止不御，重以口说，故注此于面，灼然为识，女史见之，则不书名于第录也。"后来，这一习俗逐渐演变为一种妆饰。而据近人傅乐成之说，这极有可能是古代的一种"人工酒窝"术，以增添女性妩媚多姿之感。如同其他化妆方法一样，它在沿袭过程中也是有所变化的，靥点的样式逐渐丰富，由早期仅以胭脂之类点饰简单的圆点，发展为以金箔、翠羽之类制作可粘贴的靥钿，其图形则有钱形、星形、花卉形等。发展到后来，与花钿的区别不大，被统称为"花靥"。

九、斜红

新疆吐鲁番阿斯塔那出土唐绢画中的"斜红"是唐代女性颇为流行的一种妆饰。早在南北朝时便有"分妆开浅靥，绕脸傅斜红"之句。这种妆饰据说来源于一个美丽的故事："夜来初入魏宫，一夕，文帝在灯下咏，以水晶七尺屏风障之。夜来至，不觉面触屏上，伤处如晓霞将散，自是宫人俱用胭脂仿画，名'晓霞妆'。"❶

唐代，此妆更为风行。这种妆饰一般多以深红色描于面颊近眼的双侧，长度约由鬓至颊，左右各一，工整者形似月，复杂者状如伤口，为了加强残破的感觉，有的还特地在其下部，用胭脂晕染成血迹模样。唐罗虹《比红儿诗》第十七写道："一抹浓红傍脸斜"，元稹《有所散》也提到"斜红伤竖莫伤垂"。作斜红妆的女性形象，在西安郭杜镇执失奉节墓壁画舞女像及阿斯塔那出土的《桃花仕女图》《棕榈仕女图》中均曾出现。

新疆吐鲁番阿斯塔那出土唐绢画

❶《奁史选注》卷七十三。

第六章

唐代女性化妆风俗的特点

唐代女性化妆风俗是在总结前朝历代的风俗习惯，又颇具唐特征的审美情趣而来的。其中，浓艳性、民族性、流行性、时代性是最突出的四个方面。

一、浓艳性

　　众所周知，唐代女子一反魏晋仕女脱落逸散的"林下之风"，也与宋元明清素雅端庄的化妆风格不同，以浓艳、繁复为美。最有代表性的妆饰是：面施厚粉浓脂，额贴花钿，画短粗蛾眉及高鬓，身着广袖长裙，腰结大带配绶带披巾，华贵雍容，艳丽无比，这种妆饰与当时女性的体形不无关系。总体来说，有唐一代，女性的风姿以健美丰硕为尚。她们体态丰腴、面如满月，与后世女性娇柔、纤弱的形象迥然不同。倘若单从审美意义上来观察，这种丰硕之美，只有施以浓妆重彩，才能带给人以视觉之美感。女子作浓妆、艳妆也是必然之事。唐代女子大量使用红粉来加强这种效果。正如五代王仁裕《开元天宝遗事》所载："贵妃每至夏月，常衣轻绡，使侍儿交扇鼓风，犹不解其热。每有汗出，红腻而多香，或拭之于巾帕之上，其色如桃红也。"杨贵妃喜爱红妆，大量使用颜色浓艳的脂粉，以至于出的汗把巾帕都染红了。她所用的美容秘方——"杨太真红玉膏"，记载在《鲁府禁方》中，以杏仁为主，配滑石、轻粉等药物，经加工制作后使用，并说常用此膏能"令面红润悦泽，旬日后色如红玉。"也

面饰浓妆的女性

是强调了妆容的浓艳，和如玉般的光洁润泽。王建在描写宫女生活的《宫词》中也形象地描绘了这一情况，"舞来汗湿罗衣彻，楼上人扶下玉梯。归到院中重洗面，金盆水里泼红泥。"洗过脸之后的水完全被染红，而且杂质沉淀后都成了红泥。虽然是夸张之笔，但也可见唐代女性喜欢浓艳之妆到了何种程度。唐文学作品中对红粉的描写更是不可胜数，像"雾冷侵红粉，春阴扑翠钿""偶发狂言惊满座，两行红粉一时稀"❶之类的诗句在唐诗中比比皆是。文学作品是社会生活的真实反映，唐代诗人之所以对红粉这样感兴趣，花费大量的笔墨去描写它，绝非偶然，应是当时社会以红妆为尚的习俗影响的结果。唐时社会风气开放，是女子浓妆的另一个原因，那时的女性可以抛头露面，自由外出；可以骑着高头骏马招摇于通衢闹市；可以披着透明的丝织品自然地展示自己丰满的身姿；可以和着欢快的音乐跳着胡旋舞；可以参加打球、射猎等体育活动；她们还可以公开或单独与异性结识交游，甚至同席谈笑、共饮；连道姑、妓女也可以与达官显宦在一起吟诗作文，与鸿儒文豪结交为文友，互相唱和。在这种开放的社会风尚下，女性所受的约束无形地减少了，有较强烈的自主意识，她们往往通过化妆来表达自己的个性，浓妆、艳妆正适应了这种需要。浓妆不仅符合唐代社会的审美风尚，而且也满足了女性的个体需要。所以，唐代社会一直以浓艳、繁复、夸张的妆饰为美。

二、民族性

唐代是一个开放的时代，由于社会包容开放，出现了胡化之风。唐人以"胡"为尚，几乎贯穿着整个李唐时代。而胡妆最盛

---

❶ （唐）杜牧，《代吴兴妓寄薛军事》《兵部尚书席上作》《全唐诗》卷五二二。

时，当属元和时期，主要的特征是蛮环椎髻、乌膏注唇、脸呈赭色，眉纤细，作八字低颦。诗人白居易《时世妆》形象地刻画了这种妆饰"时世妆，时世妆，出自城中传四方。时世流行无远近，腮不施朱面无粉。乌膏注唇唇似泥。双眉画作八字低，妍媸黑白失本态，妆成尽似含悲啼。圆环垂鬓椎髻样，斜红不晕赭面妆。昔闻被发伊川中，辛有见之知有戎。元和妆梳君记取，髻椎面赭非华风"。《新唐书·五行志》中也记载了这一史实"元和末，妇人为圆鬓椎髻，不设鬓饰，不施朱粉，惟以乌膏注唇，状似悲啼者。"当代学者陈寅恪在其所著《元白诗笺证稿》中，对白氏此诗作按语曰"白氏此诗谓赭面非华风者，乃吐蕃风气之传播于长安社会者也⋯⋯此当日追摹时尚之前进分子所以仿效而成此蕃化之时世妆也。"又对其《城盐州》篇"君臣赭面有忧色"句作按语曰:《旧唐书》卷一九六《吐蕃传》上云'（文成）公主恶其人赭面，（弃宗）弄赞令全国中权且罢之。'敦煌写本法成译如来像法灭尽之记中有赤面国，用藏文 kla-mar 之对译，即指吐蕃而言，盖以吐蕃有赭面之俗故也。"这里很清楚地指出女性采用吐蕃化的化妆方法。

正如上文所指，女性化妆和当时的社会风俗紧密相关，直接反映了当时的社会风尚。贯穿整个唐代，社会风俗一直以胡为尚，至唐玄宗时期臻于极盛。史载开元末年，"太常乐尚胡曲，贵人御馔，尽供胡食，士女皆竞衣胡服"。❶延至安史之乱以后五十年，始渐趋衰落。以服装为例，胡服的基本特征是翻领、对襟和窄袖，在衣服的领、袖、襟、缘等部位，一般多缀有一道宽阔的锦边。形象资料对此反映得比较明确，如陕西乾陵章怀太子墓、永泰公主墓壁画及新疆吐鲁番阿斯塔那张礼臣墓出土绢画，所绘女性身上都穿着窄袖服装。据向达《唐代长安与西域文明》所考，"唐时长安有许多胡人居留于此。通鉴德宗纪贞元三年，记当时胡客留长安'久者或四十余年，皆有妻子，买田宅，举质取利，检括

---

❶ 《旧唐书·舆服志》卷四十五。

之余，……凡得四千人'" ❶。胡人的生活方式、价值观念、行为理念自然也影响了唐代的风俗，其中也包括女性的化妆。元稹《新题乐府·法曲》就反映了这一风俗："自从胡骑起烟尘，毛毳腥羶满咸洛。女为胡妇学胡妆，伎进胡音务胡东。……胡骑与胡妆，五十年来竞纷泊。"

三、流行性

唐代近三百年的历史中，女性面饰变化极快。各个时期都有自己的"时世妆"。我们以女性的眉饰变化为例来说明这个问题。眉目，是人脸上表情最为丰富的地方，妆式的翻新也多在此部位。唐代眉饰变化之快，以至于当时诗人朱庆馀在《闺意献张水部》中写出了"画眉深浅入时无"的句子。初唐流行月眉和柳叶眉。敦煌 329 窟东壁南侧说法图上的女供养人，及第 220、321 等窟均为月眉，而柳叶眉在唐代大量出现，极为盛行，不但宫廷女性描长眉，而且侍女百姓也描此眉，莫高窟初唐第 334、57 窟均有此眉。粗阔的八字眉，也在初唐出现，如初唐第 431 窟南侧九品往生图中女性。初唐的月眉宽而曲，已渐露出阔眉的初兆，到唐高宗时代逐渐过渡，于则天在位时达到高潮，持续至开元盛世。这段时期中，眉妆崇尚长、阔、浓，十分醒目。礼泉郑仁泰墓出土的陶俑，制于麟德元年，其眉阔长，可为实证。阔眉的画法也并非一成不变的，武则天垂拱年间，流行的眉式为眉头紧靠，仅留一道窄张缝，眉身平坦宽舒，钝头尖尾；而如意年间，眉头就分得较开，两头尖而中阔，形如羽毛；到了万岁登封年间，眉的具体画法就是眉头尖而眉毛分梢；长安年间，眉头下色，眉身平而尾向上扬且分梢；唐睿宗景云年间，眉短而上翘，头浑圆，身

---

❶ 向达.唐代长安与西域文明[M].北京:生活·读书·新知三联书店，1957.

粗浓，同时期在莫高窟供养人的形象中，还出现了鸿雁眉，如第321窟供养人。这种眉形为鸿雁形，眉头稍粗，中为稍细，眉尾粗而翘，为鸿雁形状；此眉形很少，大概是由阔柳眉变形而来的，再融加了西北的风格特点而形成的。

序号	年代		图例	资料来源
	帝王纪年	公元（年）纪年		
1	贞观年间	627~649		阎立本《步辇图》
2	麟德元年	664		礼泉郑仁泰墓出土陶俑
3	总章元年	668		西安羊头镇李爽墓出土壁画
4	垂拱四年	688		吐鲁番阿斯塔那张雄妻墓出土陶俑
5	如意元年	692		长安县南里王村洞墓出土壁画
6	万岁登封元年	696		太原南郊金村墓出土壁画
7	长安二年	702		吐鲁番阿斯塔那礼臣墓出土绢画
8	神龙二年	706		乾县懿德太子墓出土壁画
9	景云元年	710		咸阳底张唐墓出土壁画
10	先天二年—开元二年	713~714		吐鲁番阿斯塔那唐墓出土绢画

汉唐女性化妆史研究

序号	年代		图例	资料来源
	帝王纪年	公元（年）纪年		
11	天宝三年	744		吐鲁番阿斯塔那张氏墓出土绢画
12	天宝十一年后	752年后		张萱《虢国夫人游春图》
13	天宝—元和初年	742~806		周昉《扇侍女图》
14	约贞元末年	约803		周昉《簪花仕女图》
15	晚唐	828~907		敦煌墓高窟130窟壁画
16	晚唐	828~907		敦煌莫高窟192窟壁画

　　盛唐（开元—天宝年间）时期眉风一变，重又流行长、细淡的眉式，有远山眉、青黛眉、蛾眉等，莫高窟第39窟、415窟，榆林窟盛唐第25窟、15窟中都是有此种妆饰的女性形象。白居易《上阳人》中也有"青黛点眉眉细长，天宝末年时世妆"之语。莫高窟第444窟南壁中央说法图菩萨眉饰细长，黛眉尤为突出。此外盛唐第103窟、榆林窟15窟均有细长眉妆的女子形象。吐鲁番阿斯塔那唐墓出土的这个时代的许多绢画中，都有这种妆饰的女子形象。盛唐时期，阔眉仍然流行，不过阔眉开始缩短，眉身平坦宽舒，钝头尖尾，被后世称为"桂叶眉"的即为此。唐玄宗梅妃有"桂叶双眉久不描"之句，李贺诗中也有"新桂妇蛾眉"之语，眉如桂叶，其形短阔，如莫高窟第45窟东侧观音经变之女性眉饰、榆林窟第15窟前室东壁北侧上部菩萨为此种眉

形。此时女性眉色也开始有所变化。万楚诗"眉黛夺将萱草色"，卢纶诗"深遏朱弦低翠眉"等句均可为例。翠眉即韩愈《送李愿归盘谷序》所说的"粉白黛绿"。由于翠眉流行，所以用黑色描眉，在唐代反而成为新异的事情。《中华古今注》卷中说："太真……作白妆黑眉。"徐凝诗《宫中曲》云："一旦新妆抛旧样，六宫争画黑烟眉。"新妆为黑眉，可知其旧样就是并非黑色的翠眉了。

中唐时期最有特色的为八字眉，这种八字眉和乌唇、椎唇形成了"三合一"特色，为"元和时世妆"，如敦煌112窟壁画中之女性。中唐的八字眉比汉代更盛行，更普遍，从宫门到民间风靡一时。白居易《时世妆诗》载："乌膏注唇唇似泥，双眉画作八字低"，李商隐的"寿阳公主嫁时妆，八字宫眉捧额黄。"即为此种眉形。此时的莫高窟还出现了寿眉，此眉形状为前稍平略细，眉中逐渐升高，然后稍低，此眉为翘眉的变形，如中唐第159窟南壁弥勒变之女性，第239窟也有此眉形。晚唐女性眉饰继承了浓和阔的特点，然而较短，变化也较少。《簪花仕女图》对此有形象的描绘。

唐时女性眉形之所以流行得如此之快，是有其深刻的社会原因的。相比较起来，唐代女性享有较高的地位和自由。但自从"女性具有世界历史意义的失败之后，女子就逐渐开始沦为依附于男子的地位。"[1]唐代女性也并没有超脱出男尊女卑的封建时代，女性只能以自己的容貌来换取一点可怜的权利。这就是唐代时世妆流行的原因。"未必蛾眉能破国，千秋休恨马嵬坡。"才是对此正确的看法。

第六章　唐代女性化妆风俗的特点

[1] 中共中央马克思恩格斯列宁斯大林著作编译局.马克思恩格斯选集[M].北京：人民出版社，1995.

四、时代性

　　封建社会女性化妆，主要有两个方面的原因。一方面是女性自身追求真美、美化自身的需要；另一方面，缘于取悦男性的需求，后一因素也是女性化妆的主要原因。"女为悦己者容，士为知己者死"这句名言，千百年来，广为流传。唐代女性化妆中美化自身、重视自我价值的一面要比别的朝代多一些，因此也出现了许多极富时代性、个性化的妆式。花钿盛行此即原因之一，在敦煌莫高窟就有满脸花钿的女供养人形象。另外，像杨贵妃一反潮流，作"白妆黑眉"，引起别人争相效仿。虢国夫人"不施妆粉，自衒美艳，常素面朝天"❶也是她自信的表现。唐时女性常有被人认为怪异的装束，《开元天宝遗事》记载："宫中嫔妃辈，施素粉于两颊，相号为泪妆。"德宗年间"妇人晕淡眉目，绾约头鬟，……，尤剧怪艳"❷女性奇装异服层出不穷，蔚为大观，她们以新奇为美，常打破固有的妆式服式，一反传统的审美观念，翻新出奇，标新立异，更具活力和魅力。

---

❶（宋）乐史《杨太真外传》。
❷（唐）元稹《叙诗寄乐天书》。

第七章 影响汉唐女性化妆习俗的因素

从前文的论述中，我们可以看出汉唐时期女性化妆具有多样性、鲜明性、包容性和时代性特征。同时，随着经济的发展、化妆手段的多样化，化妆主体的范围，即参与化妆的女性（也包括一部分男性）也越来越多，妆饰习俗不仅局限于一些特殊阶层（如贵族阶层），或一些特殊行业（女乐、女伎），而且涉及了全社会各个阶层的人们的生活之中，一些社会最底层的劳动女性也融入了化妆风俗中。如为温饱寒暖操心的村妇，虽然终日劳作，饱受烈日、风霜之苦，但在回娘家时她们也要"赤黑画眉临水笑，草鞋苞脚逐风行，黄丝发乱梳橑紧，青柠裙高种掠轻"。❶江南的浣纱女相对来说劳作的环境好一些，她们会画着"玉面耶溪女，青蛾红粉妆"。❷这表明化妆已成为广泛流行的一种社会风俗，是一定时代、一定社会群体的心理表现，它的首要特性就是社会性。而我们所论述的化妆绝非一种个体行为，是从整体来论述汉唐时代女性的化妆行为，我们称之为化妆风俗。

　　支配了一定的社会群体、超越了个人行为的风俗共包括四个方面：第一，为满足人们生存需要而产生的物质民俗，如服饰、饮食、居住、交通、工艺等；第二，为满足人们社会交际而出现的社会民俗，如婚丧、嫁娶、岁时、家庭、村落社会结构、行业习俗等；第三，为满足人们心理安全需要而产生的精神习俗，如宗教信仰、道德礼仪、各种禁忌、民间文学等；第四，为满足人们审美需要而产生的审美民俗。化妆风俗也包括在审美民俗之中。《中国风俗文化学》中还认为：风俗是社会群体的生活方式和约定俗成的行为方式，是一个社会群体区别于其他社会群体的标志，是特定群体的重要符号。它也具有时代性，层积着特定时代的人们的生活习惯、伦理观念、价值取向、思维方式和审美情趣，是一种活动着的文化心理素质的共同体现。有什么样的时代，就会有什么样的风俗。因而汉唐的化妆风俗更多地体现着汉唐时期的

---

❶ （唐）张祜，《戏赠村妇》见《全唐诗补逸》。

❷ （唐）李白，《浣纱石上女》见《全唐诗》。

时代特征。

汉王朝四百多年，是我国历史上第一个由"草根阶层"建立的王朝，在政治、经济、文化与意识形态领域都达到了"前无古人"的水平。国家的统一与强大，是汉代人自信务实心态的基础；充满浪漫激情的楚文化，使得汉代人具有张扬、无羁的情感个性；儒家学说也于此时开始规范人们的思想、行为，这是汉代的时代特征，也是生活于此时的女性的时代背景，因此这个时期的女性不能不带有强烈的汉代风貌。这一时期，正是封建制度的建立时期，也是社会性别制度的探索发展时期，正因为如此，女性的生活状态明显地存在着两重性和不平衡性。总体上来说，因为封建礼制尚未完备，束缚女性的理论和风气还未形成，汉代前中期还残留着远古的尊母遗风，这些因素都使得女性整体所受束缚较少，在家庭中有较多的权利，在社会上能广泛从事各种职业，政治、经济以及社会地位都比较高，因此生活在这个时代的女性，有原始质朴的精神气质，有健康向上的时代风貌，有鲜明果敢的个性特征。

唐王朝是我国封建社会的煌煌盛世，疆域广阔、国力强盛、经济发达、文化开放，精神风貌整体上也是开放向上、健康自信的。唐代社会整体上还处于封建社会的上升时期，是一个繁荣的"开放型"社会，这种开放的特点不仅表现在政治制度、民族政策、外交关系等诸方面，而且也反映在当时的民风民俗上。"开放、包容、大度、自信"正是唐风俗的整体趋向。生活在这种环境的女性，受时风所染，行动自由、大胆、开放。在我国历史上，她们是幸运的一群人。后人曾说过："将近三千年的封建社会对女性的一贯要求不外是贞操、柔顺、服从，很少有什么例外，如有例外，那便是唐代的女性。"❶

汉唐时代的政治文化、社会风俗，造就了他们不同于后世的审美情趣。汉代欣赏的是健康、充盛、富有生命力和生育能力的

---

❶ 李思纯，《唐代女性习尚考》载《江村十论》。

女性。唐代形象资料所展示的女性个体体态丰腴、面如满月、肌肤丰盈、雍容华贵。与后世女性娇柔、纤弱的形象不同，唐人欣赏的是那种健康、英武的丰硕之美。而社会风气的开放决定了审美风俗的开放性，女子服饰以"露"、"透"为美，她们常袒胸穿团花长裙，从"披帛"中显露出丰肥细腻的肌肤，绢花缎面的衣裙轻轻覆盖在微胖的肢体上，透露出女性美的无限魅力。这也正是唐代社会女性真实形体的特点。唐代绘画、雕塑中的女性也多为此形象的美女。唐代的这种审美观念来自当时的社会生活和一代世风。首先，唐代的生产力发达，物质条件丰富，体态丰腴的女性居多；其次，因社会风气开放，女性所受束缚较少，外出活动也多，而且有北朝尚武遗风，常参加骑射打猎的一类体育活动，往往体质健康、身姿挺拔，这种现实影响了人们的审美情趣，而审美观和时尚又反过来使女性刻意追求这种美，两种现象之间互相影响，就形成了颇具特色的女性美。

一、经济基础的巨大影响

从整体来说，风俗文化的产生、发展和变迁，必与一定地区、一定民族、一定群体、某一历史发展阶段的物质生产相联系，经济基础决定着上层建筑，也制约着人们的审美情趣。

长期以来，秦王朝的横征暴敛以及战乱的过度消耗，造成了社会人口锐减，经济接近崩溃。《史记·平准书》论说汉初经济"汉兴，接秦之弊，丈夫从军旅，老弱转粮饷，作业剧而财匮，自天子不能具钧驷，而将相或乘牛车，齐民毋藏盖。"皇帝出行也找不到四匹颜色相同的马来拉车，高官显贵出门都得坐牛拉的车，非常形象地描绘了汉代初年经济匮乏的状况。面对这种社会现实，新兴的汉王朝"黎民得离战国之苦，君臣俱欲休息乎无为"，实行了轻徭薄赋、与民休息的政策，在不长的时间里，就恢复了多年战争带来的巨大破坏，使社会生产得到迅速恢复和发展。到汉惠帝时，已经是"民务稼穑，衣食滋殖"，经济情况大为好转；文景帝时，出现了"文景之治"的繁荣。经过西汉初期70余年的休养生息，到了汉武帝时期，国家经济更是发展到一个相当高的水平，"至今上即位数岁，汉兴七十余年之间，国家无事，非遇水旱之灾，民则人给家足，都鄙廪庾皆满，而府库余货财。京师之钱累巨万，贯朽而不可校。太仓之粟陈陈相因，充溢露积于外，至腐败不可食。众庶街巷有马，阡陌之间成群，而乘字牝者傧而不得聚会。守闾阎者食粱肉，为吏者长子孙，居官者以为姓号。故人人自爱而重犯法，先行义而后绌耻辱焉。"❶国家富裕到什么程度呢？所有的仓库都装得满满的，陈年的积粮因为没人吃都腐烂了，穿钱的绳子也腐朽不能用了，以前是皇帝也没好的马乘坐，现在普通老百姓人人都骑着高头大马。

东汉建立初期，也采取了一系列措施来发展生产，如光武帝刘秀于建武二年至十四年（公元26年~38年）曾六次发布解放奴婢的命令，多次给那些失掉生产能力、不能自存的农民以赈济，鼓励农民垦荒。在一系列政策鼓励下，社会逐渐安定，生产逐渐发展，经济很快就发展起来，都市也是一片繁荣景象："内则街衢洞达，闾阎且千，九市开场，货别隧分，人不得顾，车不得旋，阗城溢郭，傍流百廛，红尘四合，烟云相连。于是既庶且富，娱乐无疆，都人士女，殊异乎五方，游士拟于公侯，列肆侈于姬、姜。乡曲豪俊游侠之雄，节慕原、尝，名亚春、陵，连交合众，骋骛乎其中。"❷东汉的城市如此的繁华，车水马龙，人流如涌；商铺鳞次栉比，让人眼花缭乱。两汉的经济都达到了相当高的水平，在一定程度上丰富了当时的物质生活，提高了人们的生活水平，也使得女性化妆习俗有了物质上的保障。

仅从纺织品这一项就可以看出汉代物质的丰富。汉代纺织业发达，西汉有东、西织室，设在京师长安，由"织室令丞"主管，

---

❶ 《史记》卷三十《平准书》。

❷ 《后汉书》卷四十《班固列传》。

规模很大，每年费用达五千万，是"主织作缯帛之处"，❶生产出来的织物主要供皇室和官府使用。另外，纺织中心齐郡临淄设服官之所，称为"三服官"，三服即指春、冬、夏三季所需用的丝织品。据《汉书·元帝纪》记载，元帝时，三服官"做工各数千人，一岁费数巨万。"逄振镐先生推算，齐三服官汉武帝后和之前相比，工人增加了五百倍左右，一年耗费约增加了数百倍。❷说明了汉代纺织业的长足发展。除了一部分管理和辅助人员，官营纺织工厂里均为训练有素、身怀技艺的纺织女工和有技艺的女刑徒，如《史记·外戚世家》就记载，文帝的母亲薄姬曾是魏王豹后妃，在魏王豹失败后"而薄姬输织室"。

　　汉代纺织业一年的生产量很大。据《史记·平准书》记载，在元封四年（公元前107年）一年中，"边余谷诸物均输帛五百万匹，民不益赋而天下用饶。"五百万匹帛是一个值得注意的数字，因为当时全国人口至多不过五六千万，由此可知当时纺织生产量之大，也充分说明广大女性的劳动量之大，对家庭乃至社会的贡献之大。文献记载，汉代帝王赏赐大臣平民，对少数民族的外交馈赠等，都大量使用缯帛。文帝、武帝、昭帝、元帝、成帝、平帝等都不止一次地在全国范围内赏赐布帛，如《汉书·食货志》记载武帝时一次出巡，"北至朔方，东封泰山，巡海上，旁北边以归。所过赏赐，用帛百余万匹。"而官吏、将士、戍卒的服装也由官府统一发放。除了国内大量赏赐，为了同少数民族搞好关系，每年也使用大量的纺织品，赏赐给匈奴和其他民族。仅从汉宣帝甘露三年到哀帝元寿二年（公元前51年～公元前1年），共赠予匈奴丝织品五次，每次数量至少在八千匹以上，有的多达八万四千匹，其数量之大，亦可反映出汉代纺织业的发达。同时，两汉的纺织品也由商人大量运往国外，形成举世

---

❶　《后汉书·百官志》。

❷　逄振镐.秦汉时期山东纺织手工业的发展[J].齐鲁学刊,1983(1):
53.

闻名的丝绸之路。如《史记》《汉书》都称西北地区不重珠玉、喜爱锦绣，《盐铁论·力耕》云："夫中国一端之缦，得匈奴累金之物。"至东汉，纺织业更加发达，据《后汉书》记载，东汉凡皇帝赏赐臣民或人民赎罪，均用谷帛或缣布，赠赐之数，有时多达万匹。如果没有汉代女性的辛勤劳作，两汉就不可能有数量如此巨大的布帛，在那么广大的范围内流通和使用。

汉代的纺织品不仅品种多，而且质量优。汉代，大批的丝帛充盈社会，因其精湛的工艺、品种的丰富而深受国内外市场的欢迎，享有很高的声誉。丝织品的种类，根据其制作原料和染织技法的不同，可分为锦、绫、绮、罗、縠、纱、缣、缟、缚、纨、绨、缦、素、练、绢等。当时齐地生产的纨异常洁白，称为"冰纨"，带皱纹的纱为"方空縠"，特别轻薄的为"吹纶絮"❶《释文》解释说"縠，纱也。方孔者，纱薄如空也。纶，似絮而细。吹者，言吹嘘可成，亦纱也。"《西京杂记》卷一记载，霍光妻送给女医淳于衍蒲桃锦、散花绫，这是由巨鹿人陈宝光之妻所织，需要六十日方成一匹，价值万钱。可见当时纺织物之精美。因此，汉代的丝织品不仅种类丰富，质量也是精美绝伦的，这已被现代考古发现所充分证明。1972年，湖南马王堆汉墓出土了大量的纺织品，有保存完好的绢、纱、绮、锦、刺绣、麻布等丝麻织品。这些绚丽多彩的高级丝织物，用织、绣、印等技术制成各种动物、云纹、卷草及菱形等花纹。其中的一件素纱曲裾式禅衣，由精致的罗纱绢制成，长160厘米，通袖长195厘米，重仅48克，折叠后可握在手中，可谓薄如蝉翼，轻若烟雾，充分展现了我国古代劳动女性的智慧和创造才能。❷

唐代的社会经济也很发达，唐代杜甫的诗"忆昔开元全盛日，小邑犹藏万家室。稻米流脂粟米白，公私仓廪俱丰实。"❸生动地

---

❶ 《后汉书》卷三《肃宗孝章帝纪》。

❷ 何介钧.马王堆汉墓[M].北京：文物出版社，2004.

❸ （唐）杜甫.杜甫全集[M].上海：上海古籍出版社，1996.

描绘了唐代社会经济的富足。在这种海内富实、社会经济达于极盛的情况下,时风极为侈靡。张亮采在《中国风俗史》中,把汉魏、隋唐五代均列入浮靡时代,认为民风之奢之浮之靡,在我国历史上莫过于这两个时代,而隋唐尤甚。他还列举了唐人食品、服饰之华美、名目之繁多,以说明当时的奢靡之风。这种奢靡之风充斥着人们日常生活的方方面面,正如《唐国史补》卷下所说:"长安风俗,自贞元侈于游宴,其后或侈于书法、图画,或侈于博弈,或侈于卜祝,或侈于服食,各有所弊也。"唐代手工业极其发达,仅以专掌"供天子、太子、君臣之冠冕"❶的织染署为例,就有作坊 25 个。在这样的条件下,生产出了极其精美的手工艺品。加之商品经济的发展,商品交易十分活跃,尤其长安的东西二市"货财二百二十行,四面立邸,四方珍奇,皆所积集。"❷大都市里五光十色的染织、刺绣、工艺、化妆品等商店比比皆是,为封建贵族女子的化妆提供了方便条件,她们衣必锦绣、饰必珠玉、趋新奇、赶时髦的奢侈之风日渐深厚。其中最为典型的是"安乐公主造百鸟裙,百官之家皆效之。"❸即使是在偏僻的地方如西北,女性的奢侈之风也丝毫不减。"敦煌俗,女性作裙,李缩如羊肠,用布一匹。"❹在这种风气下,女子以浓妆为美是必然的趋势。

唐代物质条件丰富,女性肥胖者居多,因此女性审美也产生了微妙的变化,可以从出土的女俑上发现这种变化。隋代初唐的女俑比较清秀,表现出女性亭亭玉立的清秀之美,而唐高宗、则天以后,女俑开始出现"丰腴肥硕"的形象。这表明人们开始崇尚一种健康、丰硕、肥胖的女性形象。这在绘画、雕塑人体造型艺术上表现得最为明显,肥硕丰满的女性形象,成为唐代仕女画的典型,也成为唐代雕塑女性形象的典型。永泰公主墓壁画中的

❶ 《旧唐书·职官志》卷四十四。

❷ (宋)宋敏求,《长安志》卷八。

❸ 《旧唐书》卷三七《五行志》。

❹ (唐)张泌,《妆楼记》。

宫女形象千姿百态，生动活泼。她们都穿着当时最时髦的服饰，脸颊丰满圆润，红晕的朱唇，青黛细长的八字眉，高耸的翠髻，肩背着"披帛"，上身着贴身罗衫，下身着绛裙，裙裾垂地，双履露出裙外，给人一种生动、健康、活泼的美感。天宝年间以后，这种"浓丽丰硕"之美继续发展，女性更加肥胖，衣服也更趋宽大，出现了宽衣博带的装束。由此可以看出，浓丽丰肥之态，是唐代上层社会女性形象的特点，史书也多有记载。《资治通鉴》记太平公主"方额广颐，多权略，太后以为类己。"《开元天宝遗事》记杨贵妃"素有肉体，至夏苦热"，而且"有姊三人，皆丰硕修整。"唐肃宗张皇后"辩惠丰硕"，❶女性本身体态也必然影响到当时的化妆风俗。高大、健硕的整体形象必然要求浓妆重彩，这才能给视觉上以美感。正如上文所述，有唐一代，女性一直以红妆、浓妆为美。

二、各个地区间、民族间文化交流的影响

汉武帝时期，为了联合大月氏抗击匈奴，武帝派遣张骞出使西域，开辟了丝绸之路。张骞曾经到达大宛、大月氏、康居等国，张骞的副使还到达过大夏（阿富汗）、安息（波斯）等国，以后武帝的使者还到达奄蔡（咸海里海之间）、条支（叙利亚）等国。随后，中亚、西亚等国也纷纷派遣使者到西汉访问和通商，拉开了汉王朝和西方诸国交往的大幕。虽然张骞出使西域联合作战的目的没有达到，但汉王朝凭着前期国家的经济积累和安定统一，从元光二年（前133年）开始与匈奴作战，经卫青、霍去病等多次大规模出击，至元狩四年（前119年）"匈奴远遁，而幕南无王庭。汉度河自朔方以西至令居,往往通渠置田官,吏卒五六万人,

---

❶《新唐书·后妃传》卷七十六。

稍蚕食，地接匈奴以北"❶，自今日甘肃凉州以西，至玉门关一带，都属于西汉控制的地区。太初三年，即公元前102年，李广利征服大宛，更是把汉王朝的势力推进到中亚，此后，西汉王朝在西域设立都护府。军事上的一系列胜利保障了丝绸之路的畅通。当时，为了适应中西交通往来和经济文化交流日益频繁的需要，西汉王朝在西边设立亭障，便利各国使节和商旅交通往来。从此，西汉和葱岭（帕米尔高原）以西各国的使节和商旅往来络绎不绝，汉王朝和中亚、西亚各国的经济文化交流日益频繁。罗马学者普林尼（公元23~79年）的名著《自然史》记载"锦绣文绮，贩运至罗马，富豪贵族之女性，裁成衣裳，光辉夺目。由地球东端至西端，故极其辛苦。"

商人们除了将汉王朝的丝绸、瓷器、冶铁技术、铁器等运往西域诸国，中亚、西亚等地的毛毡、汗血马、石榴、葡萄、苜蓿、芝麻以及胡桃等植物也相继传入我国，一些乐器，如琵琶、胡笳、胡角、胡笛和舞蹈等也相继传入中原地区，给汉王朝社会带来了极大影响。最典型的是，化妆品中的胭脂就来源于匈奴，给中原的女性化妆带来新的变革。

除了物品的交流，汉王朝时还有很多外国人居住在中原。在对匈奴的连年战争中，汉军曾经俘虏过大量匈奴人，仅元狩二年（公元前121年）霍去病击败匈奴军，迫使浑邪王杀休屠王，并率部四万余匈奴人归汉。匈奴人中有很多在汉地生活，而且汉化很深。如金日磾，他是被灭掉的休屠王的太子，先是被分配到宫中饲养马匹，后因勤勉谨慎得到汉武帝重用，先后为马监、侍中、驸马都尉、光禄大夫、车骑将军，直到汉武帝病危，与霍光一起受命辅政。匈奴人在汉王朝生活，以经商的最多，长安城里就有许多当垆卖酒的胡姬，她们个个高鼻美目，神秘迷人，洋溢着独特的异域风情，汉诗中有关"胡姬"的描写也很多，最著名的当属辛延年的《羽林郎》诗："依倚将军势，调笑酒家胡。胡姬年

❶ 《汉书》卷九十四《匈奴传上》。

十五，春日独当垆。"从汉代、魏晋、南北朝一直到唐代，胡姬在文学作品中长盛不衰，南朝徐陵《乌栖曲一》诗："卓女红妆期此夜，胡姬沽酒谁论价。"唐李白《少年行》："落花踏尽游何处，笑入胡姬酒肆中。"宋周邦彦《迎春乐》词："解春衣、贳酒城南陌。频醉卧胡姬侧。"明王世贞《送卢生还吴》诗："辗然一笑别我去，春花落尽胡姬楼。"等都有关于胡姬的描写。

唐代习俗的开放性主要表现在，一是国内各民族的开放，华夷、汉蕃之间的开放。唐太宗曾说过："自古皆贵中华，贱夷、狄，朕独爱之如一，故其种落皆依朕如父母。"因而太宗也被少数民族尊称为"天可汗"。二是君臣、君民可以不分等级地共同参加节日盛大活动。三是男女界限不十分严格，交往自由。总之，唐文化以接受外来文化为主，其文化精神是开放而进取的，反映在女性生活中也极其明显。

唐代女性的开放是有目共睹的，这里以服饰为例来说明，唐代"仕女衣胡服""著丈夫衣服靴衫"，❶着"戎装"及"裸露装"是当时女性服装中最显著的特点。这显然不是汉族地区的传统服饰，而是受了西北少数民族生活习俗及中亚诸国习俗的影响。

（一）胡装

穿胡服，戴胡帽，"女为胡妇学胡装"，这是唐代女性的一个独特妆饰。胡服、胡帽的装束在绘画、雕塑中随处可见。胡服的主要特征是衣袖窄小，翻领左衽。章怀太子墓、永泰公主墓壁画及阿斯塔那等唐墓出土的绢画、石刻上，女性通常穿翻领窄袖袍、条纹小口裤，头戴锦乡浑脱帽，足登透空软锦靴，有的还佩有蹀躞带。安史之乱以后，回鹘人在长安者常至千人，回鹘服饰又风靡一时，有诗为证："明朝腊日官家出，随驾先须点内人。回鹘

---

❶ 《旧唐书·舆服志》卷四十五。

衣装回鹘马，就中偏称小腰身。"❶ 当然，这不能不影响到女性的化妆风俗。元稹《新题乐府·法曲》称："自从胡骑起烟尘，毛毳腥膻满咸洛。女为胡妇学胡妆，伎进胡音务胡乐。……胡骑与胡妆，五十年来竞纷泊。"即咏其事。

（二）袒露装

唐时，女子骑马之风盛行。因此，适宜骑马的帷帽便成为女子骑马时的特定装束。《旧唐书·舆服志》载："武德、贞观之时，宫人骑马者，依齐、隋旧制，多著幂䍦，虽发自戎夷，而全身障蔽，不欲途路窥之。王公之家，亦同此制。永徽之后，皆用帷帽，拖裙到颈，渐以渐露，寻下敕禁断，初虽暂息，旋又仍旧。……则天之后，帷帽大行，幂䍦渐息。中宗继位，宫禁宽驰，公私妇人，无复之制幂䍦。"由此可以看出，唐代女性的服装正是随着社会风气的开放而拘束越来越少，直到袒胸露乳。当时女性一般上身穿袒胸窄袖衫或袒胸大袖衫及高束腰的裙子，一般都将裙腰束到胸前，使胸部半袒露出来。永泰公主墓壁画所绘侍女、韦顼墓所绘贵妇人、懿德太子墓石刻宫廷女官，大都衫裙宽松富丽，袒胸露乳，正是当时此种风俗的写照。而周昉《簪花仕女图》中的妇人，不着内衣，仅以透明纱衣蔽体，可谓罕见。唐李群玉《同郑相并歌姬小饮戏赠》"胸前瑞雪灯斜照"，周渍《逢邻女》"慢束罗裙半露胸"也刻画了这一形象。唐人袒露装的盛行对女性化妆产生了极大的影响，为了达到整体的美，不仅脸上饰粉，而且所有露出的部位都要擦粉，以达到"素肤若凝脂"的效果。因此，粉的需求大增，唐代的制粉技术也大大提高，粉成为一种最基本、最普通的化妆品，不仅在大的商店里有卖的，而且一些街头的小商小贩也贩卖此物。

---

❶ 花蕊夫人．宫词[M]//全唐诗卷七八九．北京：中华书局，1960：8971．

（三）男装

唐代女性的装束开放性还表现在女性喜欢穿男装。常常有女性“衣男子衣而鞾，如奚、契丹之服”，[1]绘画、雕塑中更多有男装的宫女形象。唐韦洞墓的石刻侍女形象，即头载幞头，身着折领窄袖服，下穿小口裤，足着软浅靴。《虢国夫人游春图》《内人双陆图》中女性多为头载幞头，身穿圆领窄袖袍衫，足着乌皮靴，腰系革带，看上去几乎与男子无异。这种风气传到民间，不仅妓优们常常“装束似男儿”，[2]而且“士流之妻或衣丈夫服，靴衫鞭帽，内外一贯矣。”[3]男女穿一样的衣服，内外无别，以唐武宗王才人最有代表性。武宗时，王才人身高和武宗相仿，常常穿同样的衣服，一起走马射猎，弄得奏事的人常常认错，武宗不以为忤，还常常以此为乐。当时一些守旧人士深为男女服饰无别而忧，认为“妇人为丈夫之象，丈夫为妇人之饰，颠之倒之，莫甚于此。”[4]这其实说明女子衣男装之风正是礼教松弛、社会开放的直接表现。

（四）戎装

受北朝遗风影响，唐初，汉人无论男女，都具有尚武精神，女性着戎装更是时风所习。高宗时，太平公主就曾穿武官服装在宫中表演歌舞。公孙大娘擅长舞剑，穿的是经艺术加工的军装，这种装束一出现立即受到社会上许多女子的喜爱，纷纷仿效。司空图的《剑器》就谈到这一潮流：“楼下公孙昔擅场，空教女子爱军装。”还有“军装宫娥扫眉浅”也是这一情况的反映。

唐代女性这些独特的装束自是因为在民族融合过程中带入少数民族不重礼法、不重贞操的观念与习俗所致。“胡人”在唐代人数之多，令今人很难想象。据向达《唐代长安与西域文明》所考，

---

[1] 《新唐书·车服志》卷二十四。

[2] （唐）李廓《少年长安行》。

[3] 《大唐新语》卷十。

[4] （唐）李华《与外孙崔氏二孩书》。

贞观初（631年），突厥既平，以温彦博议，迁突厥于朔方，降人入居长安者乃近万家……唐京兆府户口，在天宝初仅三十八万口，贞观时当不及此，而长安一隅突厥流民乃近万家，其数诚可警人矣。因此辈流人之多，至于宪宗之际，长安少年，耳濡目染，变本加厉，无怪乎东城老父为之慨叹不已也。德宗朝，政府对胡人进行检括，当时胡客留长安久者或四十余年，皆有妻子，买田宅，举质取利，检括之余，有田宅者鸿胪停给，凡得四千人，此辈俱停留不归，此亦一惊人之数字。而且胡人滞留长安，往往娶汉人女子。例如，安延墓志所记延夫人刘氏，大唐故酋长康国大首领因使入朝检校，折卫都尉康公故夫人，汝南上蔡郡翟氏，当俱是汉女，嫁与胡人。而且有唐一代对于汉女之适异族，律并无禁，只不过不得将汉女带回蕃国而已。胡汉通婚，对于风俗的影响更大。这仅是长安一地，别处胡人当不在少数。如广州在唐代为中西海上交通唯一要地，广州江中"有婆罗门、波斯、昆仑等舶，不知其数，并载香药珍宝，积载如山，其舶深六七丈，师子国、大石国、骨唐国、白蛮、赤蛮等往来居处，种类极多"。是以黄巢攻陷广州，犹太教、火祆教以及伊斯兰教、景教等异国教徒死者至十二万人。这一数字十分惊人。

在这些胡人胡商中，有一批引人注目的人物——"胡姬"。这些移居中原的少数民族女性，大都在长安等大都市开酒店。关于她们，很少有史书记载，只有唐人诗中屡屡提及。李白就常常"笑入胡姬酒肆中"。❶ 她们的酒店布置得富有异国情调，具有浪漫气息"胡姬春酒店，弦管夜锵锵，红毾铺新月，豹裘坐薄霜，玉盘初鲙鲤，金鼎正烹羊，上客无劳散，听歌乐世娘"❷ "妍艳照江头，春风好客留，当垆知妾惯，送酒为郎羞，香渡传蕉扇，妆成上竹楼，数钱怜皓腕，非是不能留"。❸ 从诗中看，她们不仅"胡姬貌如花"

---

❶ （唐）李白，《少年行》见《全唐诗》。

❷ （唐）贺朝，《赠酒店胡姬》见《全唐诗》。

❸ （唐）杨巨源，《胡姬词》见《全唐诗》。

而且能歌善舞，具有异域风情，自然成为唐代女子的模仿对象。

地域间、民族间的文化交流是双向的，不仅唐王朝接受各个民族的外来文化，而且各个较落后的民族和地区更是从唐王朝引进了先进的风俗文化，使得本民族逐渐摆脱了落后的习俗。如文成公主就曾将中原文化带到吐蕃，吐蕃自此"自襁毡裘？，袭纨绔，为华风"。❶ 而回纥是在和唐王朝交往频繁以后，女性"始有粉黛文绣之饰"。日本更是这一方面的代表。1972 年 3 月，日本檀原考古学研究所在奈良县高市郡明日香村发掘了绘有壁画的高松冢古坟。这是一座公元 6 世纪到 8 世纪初日本飞鸟时代的墓葬。当时中日之间在经济文化的交往上极为活跃，日本多次派遣使者来到大唐学习和访问，唐人的文化意识对日本的影响是显而易见的，壁画中的侍女着宽松上衣和打褶的拖裙，仪态端庄，形象丰满，细目浓眉，唇娇小浓艳。她们手持团扇、如意、拂尘，缓步前进。画中道具和人物神态及装扮与永泰公主墓中的宫女图颇有相似之处。

三、意识形态、宗教信仰的影响

一个时代的意识形态往往对当时的风俗习惯造成极大影响，汉唐王朝也不例外。汉代刘氏王朝鉴于秦朝二世而亡的教训，为了巩固封建统治，开始有意识地调整意识形态。汉初盛行黄老之学，采取清静无为的政治手段，"参代何为汉相国，举事无所变更，一遵萧何约束……百姓歌之曰：'萧何为法，颟若画一；曹参代之，守而勿失。载其清静，民以宁一。'"❷ 到了汉武帝时期，由于政治上中央集权的建立，以及社会经济的强盛繁荣，必然要求新的学说来适应新的形势，建元元年（公元前 140 年)，汉王朝举"贤

---

❶ 《新唐书》卷二一六《吐鲁番传》。
❷ 《史记》卷五十三《曹相国世家》。

良方正直言极谏之士""议立明堂"❶,儒家从此开始登上汉的政治舞台。董仲舒以儒学为纲,吸收融合各派学说,提出"天人感应"学说和"君为臣纲,父为子纲,夫为妻纲"的三纲学说,适应了封建王朝大一统中央集权的政治需要,儒家思想被赋予"独尊"的地位。然而,儒家毕竟只是封建时代的一个学派,尽管它在不断发展,并不断吸收其他学派的思想精华,毕竟不可能无所不统、无所不包,也不可能绝对适用封建统治和社会生活中的一切场合,因此武帝独尊儒学之后,在相当长时期,汉王朝为政治国并非纯用儒术,而是采取"霸王道杂之"的策略。元帝时重用儒生,中央和地方政府官员儒生化,改变了汉王朝以往的政治策略,真正拉开了汉王朝儒家政治的序幕。东汉前期的君主熟悉儒经,力倡儒学,以经治国,至此儒学与政治才完全结合起来。史书记载光武帝刘秀"以习经术而涉大位",格外重视儒术"光武中兴,爱好经术,未及下车,而先访儒雅,采求阙文,补缀漏逸"❷,他的周围也聚集了一批这样的人物。儒家学说在汉代经过几次重要转变,逐渐与政治结合起来,并深入到社会生活的各个方面。东汉章帝在白虎观召集诸儒讲议五经异同,并且"亲称制临决",统一各种分歧的解释,最终形成封建社会的法典性文献——《白虎通义》,标志着儒家政治伦理原则在社会上得到全面确立。然而,对于社会上普通的劳动人民来说,不管统治者前期提倡黄老学说,还是后来的"罢黜百家,独尊儒术""就整个社会的意识形态的情况来说,尚多保存先秦以来自然朴素的状态,礼教的各种观念还不可能全面、深入地统治着民众的意识。"❸

唐代的特色是思想意识开放,对儒、道、佛三家兼收并蓄,并没有用一种思想来箝制别的思想。因此,这种意识形态反映到社会生活中,就是儒、道、佛在唐王朝各有发展。

---

❶ 《汉书》卷六《武帝纪》。

❷ 《后汉书》卷九十七《儒林列传》。

❸ 钱志熙.汉魏乐府的音乐与诗 [M].郑州:大象出版社,2000.

儒学，是封建君主实行政治与社会控制的基本手段"可以正君臣，明贵贱、美教化，移风俗，莫若于此。"❶ 李唐政权，在天下略定时，虽也"即诏有司立周公、孔子庙于国学，四时祠"。❷ 但儒学思想及儒家礼教并没有成为统治思想的绝对权威，有唐一代，礼教观念相对淡薄，对女性的束缚相对较轻，加之"胡风""胡俗"的影响，传统的儒家"妇德"相对失落，女性处在一个相对轻松与自由的环境中。这在前文已多有论及，不再赘述。

道家在李唐王朝受到尊崇。武德八年（公元625年）唐高祖下诏宣布三教中道教第一，佛教第二，儒教第三。贞观十一年（公元637年）唐太宗再次宣布尊崇道教，令道士、女冠高僧、尼一等。唐玄宗开元"二十九年，始置玄学"，❸ 这些制度无疑对社会崇尚道教起了推波助澜的作用。道教是以生为乐，以长寿为大乐，以不死成仙为极乐，符合了人们本能的需要——生存。和佛教实行禁欲苦行刚好相反，道教主张人要活得舒服，活得自在与快乐，这就符合了统治阶级追求享乐的需要。因此，做女道士的多为身份高贵的妃嫔、公主，她们更自由，更开放，更不受约束。有一次唐宣宗微服私访，见到女道士们一个个都是浓妆艳抹，十分恼怒，命令把她们全都赶出道观。❹ 化妆习俗也依然存在于她们之间，"华山女儿家奉道……洗妆试面著冠帔，白咽红颊长眉青，遂来升座讲真经……"❺ 道家的装束对世俗女性也有一定影响。王衍"妃嫔皆戴金莲花冠、衣道士服。酒酣免冠，其髻然，更夹面连额，渥以朱粉，号醉妆。"❻ 就是从道家装束发展而来的新的化妆方法。虽为五代之事，但以唐代道教之盛，模仿道教装扮更是

---

❶《旧唐书·儒学上》卷一百八十九。

❷《旧唐书·儒学上》卷一百八十九。

❸《旧唐书·玄宗本纪下》卷九。

❹《东观奏记》上。

❺（唐）韩愈，《华山女》见《全唐诗》。

❻《十国春秋》卷第三七《前蜀后主本纪》。

不在少数。

佛教在唐代也得到了长足的发展，有不少皇帝迷恋佛教，尤以唐宪宗为甚。元和"十四年正月，上令中使杜英奇押宫人三十人，持香花赴临皋驿迎佛骨。自光顺门入大内，留禁中三日，乃送诸寺。王公士庶，奔走舍施，唯恐在后。百姓有废业破产、烧顶灼臂而求供养者。"❶ 狂热情形，不难想象。佛教寄希望于来生，对人们有很大的诱惑力。唐代女性中最后皈依佛门者人数极多，虽置身青灯古佛，但爱美之心犹在。据《唐六典》卷四记载："范阳凤池院尼童子，年末二十，秾艳明俊，颇通宾游，创作新眉，轻纤不类时俗。人以其佛弟子，谓之'浅文殊眉'。"❷ 而且，化妆术中有些即来源于佛教本身，比如花钿即来自佛像面部的白毫。

四、艺伎的影响

汉代社会经济发达，娱乐活动也很丰富，乐舞十分盛行，《汉书·礼乐志》对此专门有记载："内有掖庭材人，外有上林乐府，皆以郑声施于朝廷。"同书也记载了"是时，郑声尤甚。黄门名倡丙疆、景武之属，富显于世。贵戚五侯定陵、富平外戚之家，淫侈过度，至于人主争女乐。"甚至文人也十分喜欢乐舞，博学的马融，有学生上千人，他"善鼓琴，好吹笛……常坐高堂，施绛纱帐，前授学徒，后列女乐。"❸ 民间富裕家庭也多有女乐歌舞，《盐铁论·散不足篇》道"今富者，钟鼓五乐，歌儿数曹；中者鸣竽调瑟，郑舞赵讴。""今俗，因人之丧以求酒肉，幸与小坐，而责办歌舞俳优，连笑伎戏。"表明宴饮歌舞已经成为一种风俗，

---

❶ 《旧唐书·宪宗本纪》卷十五。

❷ 李永祜，《会史选注》引《清异录》，北京：中国人民大学出版社，1994。

❸ 《后汉书》卷六十《马融列传》。

而女性从事歌舞者必然居多。这些歌者舞女大多选自民间，因面容姣好，或歌喉动听，一旦进入皇宫或富贵之家后，便要系统学习歌舞，以备庆典宴会时的表演，大多数人以此为谋生手段，过着受侮辱、受压迫的生活。如卫子夫、李夫人、王翁须、赵飞燕等原本都是一些受到特殊训练的女艺人，因为歌声曼妙、妙丽善舞得到皇帝宠爱。这些艺伎表演的时候必然要装饰自身，也带动了化妆风气的流行。如汉武帝元封六年夏（公元前105年），汉武帝在长安上林苑平乐馆中举行杂技表演，让长安百姓聚观，因节目众多，所以又被称为"百戏"，其中女性演员不在少数。贾谊《新书·匈奴篇》记载"令妇人傅白墨黑，绣衣而侍其堂者二三十人，或薄或掩，为其胡戏以相饭。"❶女性表演者多是以此作为一种谋生手段，所以要傅白墨黑，化妆打扮，以取悦于人。女性所从事的杂技表演主要有以下几种：

走索

山东沂南北寨村东汉墓出土的画像石中有一幅乐舞百戏图❷，第二部分上部表演的是走索，有三个女孩在绳上表演，左右两个女孩在绳上跳跃，中间女孩却两手握绳两脚朝天，绳子下有四把朝上的尖刀，可见女孩技艺之高超。下部有一女子站在一个瓶口，舞动有流苏的长竿。

跳丸

湖北当阳东汉墓出土的画像砖有两块乐舞杂耍图，"上有一人，似女性，赤裸上身，双乳隆起，下身穿宽口长裤；后腿前伸，

---

❶（汉）贾谊.新书校注[M].阎振益,钟夏校注.北京：中华书局,2000.

❷ 山东省沂南汉墓博物馆.山东沂南汉墓画像石[M].济南：齐鲁书社,2001.

左腿向后略弯曲，作劈叉状，双手张口抛动九枚跳丸。"**❶**

马戏

马戏是女子经常参与表演的一个项目，登封少室阙刻的是两匹正在奔驰的骏马，前一匹马上有一扎着双髻的女子，穿紧身衣裤倒立马上；后一匹马上有一女子舒展长袖，随风向后飘扬。长袖的飘动和人体的自然后倾，刻画出奔马的速度，马术使我们感受到汉代马戏的惊险和演员技艺的高超。

上文所举的山东沂南北寨村东汉墓乐舞百戏图中第四部分为马术表演，左右各有一女子在疾驰的马上或双手按在马背上双足腾空，一手持戟，或舞动一根长的带有流苏的绳子。

钻圈之戏

南阳画像石中有一画面刻画了女艺人钻刀圈的场景。画面正中为一刀圈，一女伎，高髻长袖，侧身，衣带向后飘拂，好像刚冲过刀圈，落地未稳。又有一女伎腾空而起，冲向插有利刃的刀圈，两女伎优美的姿态，惊险的动作，让人叹为观止。

但是，汉代女性百戏表演者中最多的还是舞蹈，如翘袖折腰之舞，从画像石形象资料看，翘袖是将长袖侧甩，与手臂方向一致；折腰是将腰向左右侧折 90 度，两臂高举，与折下去上半身保持平行，"楚舞的第一个特色是'飘逸'……体现楚舞飘逸风格的重要手段之一是长袖。"第二个艺术特色是"轻柔。轻柔美的造成……主要得力于腰肢的纤细灵活。"巾舞也是主要舞种之一，汉画像上有许多巾舞形象。四川羊子山出土的汉代乐舞百戏画像砖，有一舞巾少女，头梳双髻，身穿宽口袖衣裤，束细腰，

---

❶ 宜昌地区博物馆,当阳市博物馆.湖北当阳半月东汉墓发掘简报[J].
文物, 1991（12）: 68.

双手各拿一巾飞舞❶。南阳汉画石像中也有不少巾舞的场面，女舞者们装饰华丽，衣裙飘扬，有的双手高扬长巾，有的一手飞扬、一手斜曳长巾，有的向前踏鼓甩巾，有的扭细腰、展双巾，舞姿美不胜收。

唐代，也有一批庞大的女乐、女伎阶层，因为职业特殊，她们对化妆的推动力也是巨大的。这种人共有三类，家伎、宫伎与官伎。

家伎是私家蓄养的女乐、歌舞人，她们是个人财产，大多生活于贵族豪门之家，虽衣绮罗、食粱肉，地位却十分卑贱。这些女性是一夫多妻制的直接产物，为了取悦他人，她们对于容貌的妆饰是极其重视的，如周光禄诸伎掠鬓用郁金油，敷面用龙消粉，染衣用沉香水。而《妆楼记》记载徐州张尚书家伎多喜爱读书，人有借其书者，往往见到粉指痕印在书上。

宫伎、教坊伎是专门供奉宫廷的女艺人。她们或习歌舞、丝竹，或习绳、竿球、马等杂技，职责是在皇家举行的各种节日盛会、宴宾典礼等仪式上演出节目，并在平时为天子提供耳目之娱。她们技艺极为高超，例如，永新的歌可以使"喜者闻之气勇，愁者闻之断肠"，有着极大的艺术感染力。念奴每当唱歌时，当席顾盼，秋波流慧，歌声出于云霞之上，钟鼓笙竽、嘈杂之声都无法压过。新丰女谢阿蛮善舞凌波曲，时常出入宫廷，深受唐玄宗、杨贵妃喜爱。而公孙大娘的剑器舞使大诗人杜甫为之赋诗曰："昔有佳人公孙氏，一舞剑器动四方，观者如山色沮丧，天地为之久低昂，霍如羿射九日落，矫如群帝骖龙翔，来如雷霆收震怒，罢如江海凝清光。"❷王大娘的长竿表演另有妙处，她头上长竿载了十八个人，还能轻松自如地行走。这些女伎在为艺术做出巨大贡献的同时，也为化妆术做出了贡献。唐人《教坊记补录》记有一则趣事：

---

❶ 廷万，龚玉，戴嘉陵.巴蜀汉代画像集[M].北京：文物出版社，1998.

❷ （唐）杜甫，《观公孙大娘弟子舞剑器行》见《全唐诗》。

名优庞三娘善歌舞，且精于化妆。她上了年纪以后，仍扮作青春年少的模样，活跃于歌舞场上。一次，她在汴州演出，有人登门造访。由于事出意外，三娘不及装束，仓促迎客。来人见到一位满面皱纹的老妇，便询问庞三娘在哪里。庞三娘逗他说："庞三是我外甥女，暂时不在，请你明天来吧"。次日，来人依约而至，三娘早已妆饰好。客人面对眼前这位年轻貌美的女郎，浑然不知对方即是昨日老妪，却告诉庞三娘说："我昨日已见过娘子的姨母。"在这里，庞三娘只是运用了化妆技巧，先在脸上贴以轻纱，然后涂敷粉蜜之类，由此妆点出白皙娇嫩的"皮肤"，使自己的容貌重现芳华。这虽仅为一个事例，但从中也可看出唐人化妆术之高超。

另外，唐王朝还有一批充斥社会、隶属各级官府乐籍的大批官伎。其中不乏才华横溢者，如薛涛、徐月英、张窈窕等，虽然她们中的某些人可以诗才与一班文人名士交往，甚至被称为"扫眉才子""女校书"等。所以，修饰容貌，对她们来讲是更为重要的。"莹姐，平康妓也，玉净花明，尤善梳掠画眉日作一样。"唐斯立戏之曰：'西蜀有《十眉图》，汝眉癖若是，可作百眉图。更假以岁年，当率同志为修眉史矣。'有细宅眷不喜莹者，谓之为"胶煤变相"。❶就是这种社会现实的真实反映。

五、统治阶级的导向作用

我国最早对"风俗"进行专门定义的史学家班固认为"凡民函五常之性，而其刚柔缓急，音声不同，系水土之风气，故谓之风；好恶取舍，动静无常，随君上之情欲，故谓之俗。"也就是说，由于自然环境不同而形成的风尚为"风"，由于教化而产生

---

❶　李永祜,《奁史选注》引《清异录》,北京:中国人民大学出版社,1994。

的习惯叫"俗"。虽然不完全正确，但也指出了一个事实，统治阶级的爱好、兴趣，对社会风俗具有一定的导向作用。在封建社会，人们的意识很大程度上受帝王意志的统治，"统治阶级的思想在每一时代都是占统治地位的思想。这就是说，一个阶级是社会上占统治地位的物质力量，同时，也是社会上占统治地位的精神力量。""夫楚王好小腰，而美人省食；吴王好剑，而国士轻死。死与不食者，天下所共恶也，然而为之者何，从主所欲也。"❶这样的事例在汉唐时代更多。

皇帝的喜好对化妆风俗更是具有决定性的作用，尽管汉唐女性享有较高的地位和较多的自由，但是，它并不能从根本上改变男尊女卑的千年一贯制，也不可能改变一夫多妻制的存在。而且，因汉唐国力强盛，物质条件丰富，统治阶级更加有条件过奢侈的生活。统一的大帝国，给皇帝遴选后妃提供了无限的可能。在汉代初期，从汉高祖到汉武帝，遴选民女并不严格，甚至连出身低贱的歌伎、舞女都可入选。例如，汉武帝的皇后卫子夫，就是平阳公主家的一位歌伎；武帝的另一位后妃李夫人，也是"本以倡进"；武帝的婕钩弋夫人，是武帝在巡视途中遇到的。可见对所选民女的出身并没有明确要求，唯一的标准就是年轻貌美、皇帝喜欢，更带动了化妆风气的流行。东汉以后，遴选后妃则形成制度，对后妃的出身、地位有一定的要求，但姿容美丽也是必不可少的一条入选条件。《后汉书·皇后纪上·序》载："八月算人，遣中大夫与掖庭丞及相工，于洛阳乡中阅视良家童女，年十三以上，二十以下，姿色端丽，合法相者，载还后宫，择视可否，乃用登御，所以明慎聘纳，详求淑哲。"

《礼记·昏义》云："古者天子后立六宫、三夫人、九嫔、二十七世妇、八十一御妻，以听天下之内治，以明章妇顺，故天下内和而家理……此之谓盛德。"儒家以君主多妻为盛德，男子广蓄妻妾成了合理合法的行为。汉代皇帝后宫美女如云，各诸侯

———————————
❶ 《汉书》卷二八《地理志下》。

王、官僚、富豪也都妻妾成群，据《汉书·贡禹传》记载"武帝时，又多取好女至数千人，以填后宫……诸侯妻妾或至数百人，豪富吏民畜歌者至数十人，是以内多怨女，外多旷夫。"武安侯"后房女性以百数"，❶ 史丹"僮奴以百数，后房妻妾数十人"，❷ 元后父王禁"好酒色，多娶傍妻"，诸弟"后庭姬妾，各数十人，僮奴以千百数，罗钟磬，舞郑女，作倡优，狗马驰逐。"唐王朝宫中宫女人数极多，玄宗"岁遣使采择天下姝好，纳之后宫，号花鸟使。"❸ 由于年复一年从民间采选民女入宫，开元、天宝年间宫女人数大大增加，长安大内、大明、兴庆三宫，皇子十宅院、皇孙百孙院、东都洛阳大内、上阳两宫"大率宫女四万人。"❹ 这大概是唐代宫廷女性的最高数字。宋人洪迈说其时是自汉王朝以来，帝王妃妾人数最多的时代。由于妃嫔太多，唐玄宗"使妃嫔辈争插艳花，帝亲捉粉蝶放之，随蝶所止幸之"嫔妃们还常常"投金钱赌侍帝寝"，❺ 在上万个女子陪伴一个男性的宫廷中，她们的痛苦是可想而知的。正如汉武帝宠幸的李夫人所说："我以容貌之好，得从微贱爱幸于上。夫以色事人者，色衰则爱驰，爱驰则恩绝。上所以挛挛顾念我者，乃以平生容貌也。今见我毁坏，颜色非故，必畏恶吐弃我，意尚肯复追思闵录其兄弟哉！"❻ "色衰而爱驰，爱驰而恩绝"深刻揭露了封建社会女子的不幸命运。唐王朝社会也是如此，李白有诗写道："昔日芙蓉花，今成断根草，以色事他人，能得几时好"，所以皇帝的喜好对她们的化妆影响是巨大的。唐玄宗热衷于眉黛，史称其有"眉癖"，在安史之乱逃难蜀中时，还有逸兴令画工画"十眉图"，以为修眉范式。所以，

---

❶ 《史记》卷一〇七《魏其武安侯列传》。

❷ 《汉书》卷八十二《史丹传》。

❸ 《新唐书·吕向传》卷二百二。

❹ 《新唐书·宦者上》卷二百七。

❺ （五代）王仁裕，《开元天宝遗事》。

❻ 《汉书·外戚传》。

深受其宠的杨贵妃一改常态，画起乌黑的眉毛，就引起了宫中众人的纷纷模仿。"一旦新妆抛旧样，六宫争画黑烟眉"就是为引起他的喜欢。而深知他这一喜好的梅妃在失宠后，就"桂叶双眉久不画"，失望怅恨之余，不再描眉。而虢国夫人却截然相反，"却嫌脂粉污颜色，淡扫蛾眉朝至尊。"脂粉全无，只描画长长两条蛾眉，以期引起玄宗注意。在这位天子的带动下，上至达官贵人，下至平民百姓，无不热衷于此，唐代画眉之风可谓盛矣。其式样之繁，颜色之多，流行趋势变化之快，是历朝历代所不能比拟的。

六、社会精神风貌的影响

国家的强大，社会的稳定，经济的繁荣，给予汉人一种自信心和民族自豪感。汉王朝的缔造者多为楚人，"于是江湖激昂之士，遂以楚声为尚"，❶楚文化在汉代文化体系中占有相当重要的地位。如马王堆出土的彩绘帛画是汉初人们思想意识的代表，帛画的内容无所不包，天上、地下，人间、神鬼，纵横上下，往来无极，龙的飞腾，鸟的飞鸣，仙界的引人，鬼界的诡异，整个画面气韵生动，飘然欲飞，充满了奇禽异兽和神秘符号，充分显现了楚人的幻想特质与浪漫精神。汉代的正统文学形式——汉赋也来源于楚辞。在汉赋中，山河的宏伟，物产的富饶，商业的发达，城市的繁华，宫殿的巍峨，美女的妖娆，服饰的华丽，歌舞的悦人，鸟兽的奇异，狩猎的刺激，都层层累积，反复述说，极尽铺陈、夸张之能事，汉人的自信与满足于此一览无遗。楚文化这种浪漫无羁的精神，丰富奇异的想象，秾丽华美的色彩深深印入汉人的精神生活中，赋予汉人热烈而深沉的情感，鲁迅先生对于汉代精神有这样一个总结："遥想汉人多少闳放，新来的动植物，即毫

---

❶ 鲁迅.汉文学史纲[M]//鲁迅全集第九卷.北京:人民文学出版社，1981:385.

不拘忌，来充装饰的花纹。唐人也还不算弱，例如，汉人的墓前石兽，多是羊、虎、天禄、辟邪，而长安的昭陵上，却刻着带剑的骏马，还有一只鸵鸟，简直前无古人。……汉唐虽然也有边患，但魄力究竟雄大，人民具有不至于为异族奴隶的自信心，或者竟毫未想到，凡取用外来事物的时候，就如将彼俘来一样，自由驱使，绝不介怀。"❶西汉也是第一个由下层人物建立起来的王朝，这样的社会变动引起了人们思想观念的深刻变化，那些原本出身下层的人物，由平民而将相，"王后将相宁有种乎"不仅仅是大泽乡的偶然一呼，而是深深印在人们脑海中的思想观念。西汉的选举制度也在一定程度上为各种人才的晋升提供了保证，"卜式拔于刍牧，弘羊擢于贾竖，卫青奋于奴仆，日磾出于降虏，斯亦曩时版筑饭牛之朋已。"❷可以说在汉代前期中期，人自身的价值得到了充分的体现，人们对自己的能力充满了信心，对前途满怀着热切的希望，如汉高祖观看秦始皇出行，喟然太息曰："嗟乎，大丈夫当如此也。"❸主父偃表达自己人生理想时说"丈夫生不五鼎食，死即五鼎烹耳。"❹终军自请出使南越说："愿受长缨，必羁南越王而致之阙下。"❺东汉梁竦曾经登高远望，叹息言曰："大丈夫居世，生当封侯，死当庙食。"❻班超尝辍业投笔叹曰："大丈夫无它志略，犹当效傅介子、张骞立功异域，以取封侯，安能久事笔研间乎？"❼这种精神也深深感染了生活于其中的女性，汉代女性也和男子一样，怀有追求功业的人生理想，她们也多有主动请缨，

❶　鲁迅.看镜有感[M]//魏晋风度及其它.上海：上海古籍出版社，2000：44，45.

❷《汉书》卷五十八《公孙弘卜式兒宽传》。

❸《史记》卷八《高祖本纪》。

❹《史记》卷一一二《平津侯主父列传》。

❺《汉书》卷六十四《终军传》。

❻《后汉书》卷三十四《梁统传附子竦传》。

❼《后汉书》卷四十七《班超列传》。

立功绝域之举，如冯嫽主动上书，"愿使乌孙镇抚星靡"，❶ 表现了汉代女性的主动参与精神，王昭君请求和亲，显示了她的胆识和胸怀。虽然由于史料的缺乏，对于这方面的女性资料掌握得较少，但明德马皇后的话还是能代表汉代女性整体风貌的，她说："吾少壮时，但慕竹帛，志不顾命"❷，可以推测追求功业也是汉时女子的一种人生理想。

汉代虽然儒家礼制已最终确定，但因为原始遗风影响，及封建社会初期蓬勃向上的精神，以及汉代强大的国力和丰富的物质基础，人们更多的是拥有质朴率真的精神，有丰富而炽热的情感，有追求富贵、建功立业的人生信念，他们敢作敢为、率性而行，张扬自己无羁的人生风采，生活在这个时代的女性，受时风所染，具有那个时代鲜明的特色。因此，汉代女性有一种自由自信的精神，她们率性而为，自我张扬，这和汉代整体的精神风貌是相匹配的。贾谊以为"汉承秦之败俗，废礼义，捐廉耻……至于风俗流溢，恬而不怪，以为是适然耳。"❸ 正说明汉初风俗简朴，儒家学说还没占统治地位，人们承原始风气，精神是昂扬向上的，这种精神风貌表现在女子身上，汉代女性就比后代女性多了一种我行我素、无怨无悔的气质风貌。如韩信得到漂母的帮助，表示感谢时，而漂母竟大怒曰"大丈夫不能自食，吾哀王孙而进食，岂望报乎！"❹ 吕媭听到吕禄要交出兵权时，"媭怒曰：汝为将而弃军，吕氏今无处矣！'乃悉出珠玉宝器散堂下，曰'无为它人守也！"❺ 汉初游侠郭解的外甥被人所杀，"解姊怒曰：'以翁伯之义，人杀吾子，贼不得。'弃其尸于道，弗藏，欲以辱解。"❻ 张汤死，"昆

---

❶ 《汉书》卷九十六《西域传》。

❷ 《后汉书》卷十《皇后纪》。

❸ 《汉书》卷二十二《礼乐志》。

❹ 《史记》卷九十二《淮阴侯列传》。

❺ 《汉书》卷三《高后纪》。

❻ 《史记》卷一二四《游侠列传》。

弟诸子欲厚葬汤，汤母曰'汤为天子大臣，被污恶言而死，何厚葬乎！'载以牛车，有棺无椁。"以至于汉武帝也赞叹"非此母不能生此子"❶表达了对张汤母亲的欣赏。这些女性的行为都表现了她们我行我素、刚强果敢的一面。

崇尚才华风雅，是唐代社会较为普遍的女性美观念。杨贵妃不仅"姿色冠代"，还"善歌舞、通音律、智算过人"。❷她是个天才的舞蹈家、音乐艺术家，能跳多种舞蹈，尤以《霓裳羽衣舞》名传千古。白居易曾专门赋诗赞到"飘然转旋回雪轻，嫣然纵送游龙惊。小垂手后柳无力，斜曳裾时云欲生。烟娥敛略不胜态，风袖低昂如有情"。同时，她又精通音律，最善击磬，音色清冷又能创新，宫廷乐师中的高手也没有比得上她的。她的琵琶弹奏也是一绝，在梨园演奏时，音韵凄清，飘若云外。难怪她能使"六宫粉黛无颜色""三千宠爱于一身"了。唐代皇帝皇后、嫔妃多能赋诗，连一向以德闻名于史的长孙皇后也有诗文留传后世。不仅女性的文才、诗才、歌舞才能受到文人欣赏，就是某一方面的特殊技艺，也受到人们的赞美。如公孙大娘的剑器舞，琵琶女的琵琶弹唱等。对那些女伎来说，姿色也并不是品评其价值的唯一标准。社会上更看重她们的才学、技艺、谈吐等。唐时女伎多以诗才闻名，薛涛被称为"扫眉才子""女校书"，后世记载中很少讲她如何美艳，而只讲她是个才女、诗人。唐王朝还有一些出名的女伎，皆以诙谐风雅、才智超人而闻名于世。"绛真善谈谑，能歌令，其姿亦常常，但蕴籍不恶，时贤大雅尚之""莱儿貌不甚扬……但利口巧言，诙谐臻妙""郑举举充博非貌者，但负流品，巧诙谐，亦为诸朝士所眷"。《北里志》序说："诸妓多能谈吐，颇有知书言话者，自公卿以降，皆以表德呼之。其分别流品、衡尺人物，应对非次，良不可及，信可辍叔孙之朝，致杨秉之惑。"这些记载都反映了时贤名士对女伎心智、口才的重视和欣赏。最

---

❶ 《史记》卷一二二《酷吏列传》。

❷ （五代）王仁裕，《开元天宝遗事》。

有代表性的当属《旧唐书·白居易传》中所记一事。有人想买一伎，伎夸口说："我诵得白学士《长恨歌》，岂同他哉。"因此而增价，由此也可见社会风气之一斑。

　　一个社会风俗的形成是由多方面的因素所影响和决定的。唐王朝女性多彩多姿的妆饰习俗固然以隋唐两代胡化倾向和相对开放的社会风气，以及丰富的物质生活条件为主要原因。我们也应看到社会上多种影响因素的存在，例如，气候因素，据一些学者认为，隋唐贵族女性以袒胸露背、肩披轻盈帔帛为风尚，与当时温暖的气候状况有关。在唐代开放的社会风气中，女性迅速地接受了各少数民族的妆饰，而气候原因又加速这种妆饰的流行。于是，在各方面综合因素的影响下，就形成了唐代女性斑斓多彩的面妆风格。

第八章

古代美容方药的发展

一、中医美容方药的发展概况

在人类对自身美追求的推动下以及社会上化妆风俗的影响下，古人除了采用各种各样的化妆方式从外在对形貌进行修饰，还注重从内在对身体进行调理，以达到由内而外呈现出美丽出众、光彩照人的效果，中医美容方药就是在这种背景下产生的。中医美容，是指在我国传统医学理论指导下，运用医学手段与药物来美化人身形体、容貌的医疗实践活动。它主要是采用本草药物来治疗皮肤疾病、美白肌肤、乌发美发、清洁身体等，以达到延缓衰老，保持青春靓丽的形貌为目的。

我国古代人民采用中医、中药美容已经有几千年的发展历史了，不仅有美容方药和美容技术，还有医学美容理论，主要体现在中医经典——《黄帝内经》这本书中。首先，在《黄帝内经》时代，我国医家经过长期的临床实践和生活观察，已经对人体的生长发育规律有了一定了解。如《素问·上古天真论》以女子七岁、男子八岁为一生理阶段，"女子七岁，肾气盛，齿更发长；二七而天癸至，任脉通，太冲脉盛，月事以时下，故有子；三七，肾气平均，故真牙生而长极；四七，筋骨坚，发长极，身体盛壮；五七，阳明脉衰，面始焦，发始堕；六七，三阳脉衰于上，面皆焦，发始白；七七，任脉虚，太冲脉衰少，天癸竭，地道不通，故形坏而无子也。丈夫八岁，肾气实，发长齿更；二八，肾气盛，天癸至，精气溢泻，阴阳和，故能有子；三八，肾气平均，筋骨劲强，故真牙生而长极；四八，筋骨隆盛，肌肉满壮；五八，肾气衰，发堕齿槁；六八，阳气衰竭于上，面焦，发鬓颁白；七八，肝气衰，筋不能动，天癸竭，精少，肾藏衰，形体皆极；八八，则齿发去。肾者主水，受五藏六府之精而藏之，故五藏盛，乃能泻。今五藏皆衰，筋骨解堕，天癸尽矣。故发鬓白，身体重，行步不正，而无子耳。"《灵枢·天年》则是以十岁为一生理阶段，"黄帝曰：

其气之盛衰，以至其死，可得闻乎？岐伯曰：人生十岁，五脏始定，血气已通，其气在下，故好走；二十岁，血气始盛肌肉方长，故好趋；三十岁，五脏大定，肌肉坚固，血脉盛满，故好步；四十岁，五脏六腑十二经脉，皆大盛以平定，腠理始疏，荣货颓落，发颇斑白，平盛不摇，故好坐；五十岁，肝气始衰，肝叶始薄，胆汁始减，目始不明；六十岁，心气始衰，若忧悲，血气懈惰，故好卧；七十岁，脾气虚，皮肤枯；八十岁，肺气衰，魄离，故言善误；九十岁，肾气焦，四脏经脉空虚；百岁，五脏皆虚，神气皆去，形骸独居而终矣。"该篇详细阐述了人体容貌、五官及形体随年龄递增，精气亏虚而渐衰的变化规律。因此，在医学对人体发育知识的基础上，形成了中医美容理论，其基础是按照人一生的"生、长、壮、老、已"的发展规律来进行的。

其次，《黄帝内经》倡导的是整体观念，认为人体外在的形貌之美与脏腑功能密不可分。书中有多篇论及人身的面、发、齿、目、爪、肤等都是脏腑气血的外在表现，比如《黄帝内经·六节藏象论》记载"岐伯曰：悉哉问也。天至广，不可度，地至大，不可量。大神灵问，请陈其方。草生五色，五色之变，不可胜视，草生五味，五味之美不可胜极，嗜欲不同，各有所通。天食人以五气，地食人以五味。五气入鼻，藏于心肺，上使五色修明，音声能彰；五味入口，藏于肠胃，味有所藏，以养五气，气和而生，津液相成，神乃自生。帝曰：脏象何如？岐伯曰：心者，生之本，神之变也；其华在面，其充在血脉，为阳中之太阳，通于夏气。肺者，气之本，魄之处也；其华在毛，其充在皮，为阳中之太阴，通于秋气。肾者，主蛰，封藏之本，精之处也；其华在发，其充在骨，为阴中之少阴，通于冬气。肝者，罢极之本，魂之居也；其华在爪，其充在筋，以生血气，其味酸，其色苍，此为阳中之少阳，通于春气。脾、胃、大肠、小肠、三焦、膀胱者，仓廪之本，营之居也，名曰器，能化糟粕，转味而入出者也，其华在唇四白，其充在肌，其味甘，其色黄，此至阴之类，通于土气。"五官、五色、五体等内应五脏、形现于外。肌肤润泽、面部红润、形体健美是阴平阳秘、气血旺盛、脏腑健康的标志；反之，容颜憔悴、形体羸弱，发坠齿脱，是阴阳失调、精血亏虚、脏腑功能异常的反映。《黄帝内经》强调如果想要保持身体健康、容貌光鲜、青春不老，唯有顺四时、适寒暑、慎起居、调饮食、均劳逸、活血脉、动肢体，以自我调摄、养生保健为根本，才能做到面容不衰，肢体、皮肤、毛发充盛光润。因此，中医美容的特点不仅限于局部美容，是在中医整体观的指导下，调理脏腑，运用诸如养肝肾以明目乌发、健脾胃以丰肌调形、理肺胃以消疮洁肤、补脾肾以健美抗衰等多种独具特色的中医美容法。

　　总之，《黄帝内经》虽没有专篇论述妆饰美容，但对于人体的内部构造、颜面五官、毛发皮肤等涉及美容的理论却散见于各篇之中，为后世美容方药等的形成和发展奠定了理论基础。

　　我国是世界上最早使用天然药物进行护肤美容的国家之一，积累了大量丰富的经验。比如珍珠，在我国的中医古籍记载中，它是一味很好的美容药物，既可以磨成粉内服，也可以涂擦外用。《抱朴子》曰："真珍寸以上，服食令人好色面，长生"。《开宝本草》记载："珍珠涂面，令人润泽好颜色，除面黯"。杏仁性温味苦，不仅是一味镇咳祛痰、平喘、润肠的常用中药，而且是深受人们喜爱的润肤佳品，《食疗本草》上说：将杏仁捣烂后用鸡蛋清调匀，夜涂晨洗，能治面上黯疮，手足皲裂。《太平圣惠方》所记载的"变白方"，药仅 3 味，以杏仁为主，辅以云母粉、牛乳，调制为脂，临睡前涂面，能消除面部斑点、瘢痕，使面部光净润泽。古人还用杏仁与括楼瓤同研，用蜜调成"手膏"，经常使用可以令手光洁润滑，相当于现在的护手霜。此外，文献记载杏仁还具有良好的增白洁齿、预防龋齿的功效。何首乌具有补益气血、乌黑须发、增悦颜色的功效。古籍记载常食何首乌能增进食欲，颜如童子，须发不白，步履轻健且能保持皮肤细腻、柔嫩，具有延缓皮肤衰老的作用。

　　和中医方剂学的发展历程一样，中医古籍文献中初期记载的有关延缓衰老、美容护肤的多是单味中药，如《神农本草经》《新修本草》《备急千金要方》《普济方》《外台秘要》《肘后方》《太平圣惠方》《食疗本草》《本草纲目》等古籍中，都有很多关于美容药物的记载。其中沿用至今、已被现代医学研究证实其功效的有黄芩、人参、薏苡仁、当归、菟丝子、续随子、大黄、浮萍、白芷、前胡、防风、射干、白附子、川芎、商陆、白芨、杏仁、桃仁、芦荟、辛夷、茯苓、白术、百合、丹参、冬瓜仁、夏枯草、芡实、桑寄生等250余种。这些美容护肤中药大多具有活血祛瘀、清热解毒、补血益气、美白皮肤、乌发美发的功能，如夏枯草能治脸部斑点；浮萍、川芎能治面部痤疮；菜花油、芜青子具有去皱、润肤的作用；芦荟、薏苡仁对面部粉刺、炎症和皮肤粗糙有明显的疗效，同时还有吸收紫外线的功能，可以防晒；升麻、槐花、桔梗也具有显著的润肤效果和消除皮肤粗糙、保持皮肤光滑细腻和治疗过敏性皮炎的作用；当归、红花、桃仁等有改善皮肤微循环的作用，使人气血充盛、容光焕发；麻黄、大黄、独活、白芷等对面部雀斑、黑斑等各种色斑具有治疗作用；蚯蚓有防止皮肤干燥、粗糙、生皱的作用，并能治疗皮肤过敏、发热、发红等；三七、丹参能滋润和清洁皮肤，祛除皮肤的黄褐斑、雀斑、黑斑，抑制脂溢性皮炎，起到营养皮肤和延缓衰老的作用。

东汉末年，医圣张仲景重视理论与实践结合，他总结我国汉以前的医学经验著《伤寒杂病论》，创立了包括理、法、方、药在内的辨证论治体系，书中记载了立方严谨、配伍精当的269首药方，形成了我国中医药复方体系。

中药美容发展与之相应，在汉晋时期，也形成了中药复方护肤美容的方剂。我国最早有关中药复方护肤美容方剂的记载，始于晋代葛洪的《肘后备急方》。该书特意设有"治面疱发秃身臭心鄙丑方"篇，载有驻颜美容及相关治疗类方剂共35首。在对这些方药的使用效果说明中，葛洪用了可以使人"面如白云，光润照人""老者少，黑者白""涂面二十日既便兄弟不相识""敷面面白如玉，光润照人"等语言，明确指出了这些药方的美白作用。同时，该书还记载一些手脂、澡豆（用以净身、净手、洁面）、熏衣香、染发、润发方剂等。特别值得一提的是，葛洪还首创以新鲜鸡蛋清，或以猪蹄熬渍，或用鹿角熬成胶体状物作面膜，敷贴面部，以治疗面部瘢痕，这大概是世界上最早的面膜了。

到了唐代，由于经济发展、文化发达，化妆风气更加兴盛，人们对护肤美容的需求也更多、更迫切，孙思邈在其《千金方》中说道："面脂、手膏、衣香、澡豆，仕人贵胜，皆是所要"，可见护肤美容方药受到相当的重视。孙思邈的《备急千金要方》中以悦泽、白嫩肌肤以及祛除皱纹的方剂有 17 个，剂型更加多样化，有洗剂、汤剂、敷剂、膏剂、散剂、丸剂、丹剂、脂剂、澡豆等，所用药物品种达 120 种之多。宋元明清时期，化妆风俗进入其传承期，虽然不像魏晋隋唐时期出现那么浓烈独特的妆饰，但由于物质的相对丰富和技术的进步，化妆普及程度更高。因此，唐代以后的很多方书、文学作品、文人笔记小品等都记载了大量的护肤美容方剂。例如，宋代的《太平圣惠方》中，即收载"令而光泽洁白诸方"19 首，面脂诸方 15 首，澡豆诸方 12 首。《本草纲目》一书，总结了历代美容护肤的经验，载美容中药 270 余种，并于每味药下详述其主治、炮制和使用方法等。这些方剂，有的是民间老百姓经验的总结，也有很多所谓的"宫廷秘方"，如《太平圣惠方》所载永和公主澡豆方，金《御药院方》所载御前洗面药、皇后洗面药，明《医方类聚》所载金国宫中洗面药方以及清《慈禧光绪医方选议》中所载的加减玉容散、加减香皂方等。

下面我们分别介绍汉唐时代具有代表性的医学著作中所记载的美容方药，以资大家参考。

二、《神农本草经》所记载的美容药物

《神农本草经》是我国第一部药学专著，神农是托名，成书时间大约在东汉时期。全书分三卷，记载药物 365 种，"法三百六十五度，一度应一日，以成一岁。"书中将药物分为上、中、下三品，"上药 120 种，为君，主养命以应天，无毒，多服久服不伤人，欲轻身益气不老延年者，本上经。中药 125 种，为臣，主养性以应人，无毒有毒，斟酌其宜，欲遏病补虚羸者，本中经。下药 125 种，为佐使，主治病以应地，多毒不可久服，欲除寒热邪气，破积聚愈积者，本下经。"也就是说，上品 120 种，无毒。大多属于滋补强壮之品，如人参、甘草、地黄、大枣等，可以久服。中品 120 种，有的无毒，有的有毒，无毒的如补虚扶弱之品，如百合、当归、龙眼、鹿茸等；有毒的如祛邪抗病之类，如黄连、麻黄、白芷、黄芩等。下品 125 种，有毒者多，能祛邪破积，如大黄、乌头、甘遂、巴豆等，不可久服。这是我国药物学最早的分类方法。该书对本草药物在美容方面的作用有较为详尽的论述，主要记载一些使皮肤白皙润泽，去黑斑，去皱纹，抗衰老，以及生发、乌发的药物。如柏子仁"久服，令人润泽美色，耳目聪明"；白芷可以"长肌肤，润泽颜色，可作面脂"；白僵蚕可以"灭黑斑，令人面色好"；葳蕤可以"去黑斑，好颜色，润泽，轻身不老"等。书中还提到了美容用的面脂、口脂等，标志着中医美容发展进入到了一个新阶段。

（一）《神农本草经》卷一（节选）

菟丝子：味辛平。主续绝伤，补不足，益气力，肥健，汁去面皯。久服明目，轻身，延年。一名菟芦。生川泽。

女萎：味甘平。主中风，暴热不能动摇，跌筋结肉，诸不足。久服，去面黑皯，好颜色，润泽，轻身，不老。生川谷。

泽泻：味甘寒。主风寒湿痹，乳难，消水，养五脏，益气力，肥健。久服，耳目聪明，不饥，延年，轻身，面生光，能行水上。一名水泻，一名芒芋，一名鹄泻。生池泽。

白蒿：味甘平。主五脏邪气，风寒湿痹，补中益气，长毛发，令黑；疗心悬，少食，常饥。久服，轻身，耳目聪明，不老。生川泽。

著实：味苦平。主益气，充肌肤，明目，聪慧先知。久服，不饥，不老，轻身。生山谷。

　　紫芝：味甘温。主耳聋，利关节，保神益精，坚筋骨，好颜色。久服，轻身，不老延年。一名木芝。生山谷。

　　卷柏：味辛温。主五脏邪气，女子阴中寒热，痛，症瘕，血闭，绝子。久服，轻身，和颜色。一名万岁。生山谷石间。

　　蓝实：味苦寒。主解诸毒，杀蛊、蚑、疰鬼、螫毒。久服，头不白，轻身。生平泽。

　　络石：味苦温。主风热死肌，痈伤，口干舌焦，痈肿不消，喉舌肿，水浆不下。久服，轻身，明目，润泽，好颜色，不老延年。一名石鲮。生川谷。

　　香蒲：味甘平。主五脏，心下邪气，口中烂臭，坚齿，明目，聪耳。久服，轻身，耐老。一名睢。生池泽。

　　漏芦：味苦寒。主皮肤热，恶疮，疽，痔，湿痹，下乳汁。久服，轻身益气，耳目聪明，不老延年。一名野兰。生山谷。

　　天名精：味甘寒。主淤血、血瘕，欲死，下血，止血，利小便。久服，轻身耐老。一名麦句姜，一名蝦蟆兰，一名豕首。生川泽。

　　旋花：味甘温。主益气，去面皯、黑色，媚好。其根味辛，主腹中寒热邪气，利小便。久服，不饥，轻身。一名筋根花，一名金沸。生平泽。

　　兰草：味辛平。主利水道，杀蛊毒，辟不祥。久服，益气，轻身，不老，通神明。一名水香。生池泽。

　　地肤子：味苦寒。主膀胱热，利小便，补中益精气。久服，耳目聪明，轻身耐老。一名地葵。生平泽及田野。

　　茵陈：味苦平。主风湿，寒热邪气，热结黄疸。久服，轻身，益气，耐老。生邱陵阪岸上。

　　王不留行：味苦平。主金创止血，逐痛出刺，除风痹内寒。久服，轻身，耐老，增寿。生山谷。

　　青蘘：味甘寒。主五脏邪气，风寒湿痹，益气，补脑髓，坚筋骨。久服，耳目聪明，不饥不老，增寿，巨胜苗也。生川谷。

　　姑活：味甘温。主大风，邪气，湿痹，寒痛。久服，轻身，益寿耐老。一名冬葵子。

屈草：味苦微寒。主胸胁下痛，邪气，肠间寒热，阴痹。久服，轻身，益气，耐老。生川泽。

牡桂：味辛温。主上气咳逆，结气，喉痹吐吸，利关节，补中益气。久服，通神，轻身，不老。生山谷。

菌桂：味辛温。主百病。养精神，和颜色，为诸药先聘通使。久服，轻身，不老，面生光华，媚好常如童子。生山谷。

松脂：味苦温。主痈、疽、恶疮、头疡、白秃、疥瘙、风气；安五脏，除热。久服，轻身，不老，延年。一名松膏，一名松肪。生山谷。

枸杞：味苦寒。主五内邪气，热中，消渴，周痹。久服，坚筋骨，轻身，不老。一名杞根，一名地骨，一名枸忌，一名地辅。生平泽。

柏实：味甘平。主惊悸，安五脏，益气，除风湿痹。久服，令人悦泽美色，耳目聪明，不饥不老，轻身，延年。生山谷。

蔓荆实：味苦微寒。主筋骨间寒热，湿痹拘挛，明目坚齿，利九窍，去白虫。久服，轻身，耐老。小荆实亦等。生山谷。

桑上寄生：味苦平。主腰痛，小儿背强，痈肿，安胎，充肌肤，坚发齿，长须眉。其实明目，轻身通神。一名寄屑，一名寓木，一名宛童。生川谷。

杜仲：味辛平。主腰脊痛，补中益精气，坚筋骨，强志，除阴下痒湿，小便余沥。久服，轻身，耐老。一名思仙。生山谷。

女贞实：味苦平。主补中，安五脏，养精神，除百疾。久服，肥健，轻身，不老。生山谷。

熊脂：味甘微寒。主风痹不仁，筋急，五脏、腹中积聚寒热，羸瘦，头疡，白秃，面皯、疱。久服，强志，不饥，轻身。一名熊白。生山谷。

雁肪：味甘平。主风挛拘急，偏枯，气不通利。久服，益气，不饥，轻身，耐老。一名鹜肪。生池泽。

蜂子：味甘平。主风头，除蛊毒，补虚羸伤中。久服，令人光泽，好颜色，不老。大黄蜂子，主心腹胀满痛，轻身益气。土蜂子，主痈肿。一名蜚零。生山谷。

藕实茎：味甘平。主补中，养神，益气力，除百疾。久服，轻身，耐老，不饥，延年。一名水芝丹。生池泽。

葡萄：味甘平。主筋骨湿痹，益气，倍力，强志，令人肥健，耐饥，忍风寒。久食，轻身，不老延年，可作酒。生山谷。

蓬蘽：味酸平。主安五脏，益精气，长阴令坚，强志，倍力，有子。久服，轻身，不老。一名覆盆。生平泽。

鸡头实：味甘平。主湿痹，腰脊膝痛，补中，除暴疾，益精气，强志，令耳目聪明。久服，轻身，不饥，耐老，神仙。一名雁啄实。生池泽。

胡麻：味甘平。主伤中虚羸，补五内，益气力，长肌肉，填髓脑。久服，轻身，不老。一名巨胜。生川泽。叶名青蘘。青蘘，味甘，寒。主五脏邪气，风寒湿痹；益气；补脑髓，坚筋骨。久服，耳目聪明，不饥不老增寿，巨胜苗也。

麻子：味甘平，主补中益气。久服肥健，不老，神仙。生川谷。

冬葵子：味甘寒。主五脏六腑寒热，羸瘦，五癃，利小便。久服，坚骨，长肌肉，轻身，延年。❶

白瓜子：味甘平。主令人悦泽，好颜色，益气不饥。久服，轻身，耐老。一名水芝。生平泽。❷

（二）《神农本草经》卷二

雌黄：味辛平。主恶疮，头秃，痂疥，杀毒虫虱，身痒，邪气诸毒。炼之，久服轻身，增年不老。生山谷。

白芷：味辛温。主女人漏下赤白、血闭、阴肿、寒热，风头侵目泪出，长肌肤、润泽，可作面脂。一名芳香。生川谷。

---

❶ 《本草图经》云：吴人呼为繁露，俗呼胡燕支，子可供妇人涂面及作口脂。

❷ 吴普曰：瓜子一名瓣，七月七日采，可作面脂。

石龙芮:味苦平。主风寒湿痹,心腹邪气,利关节,止烦满。久服,轻身,明目,不老。一名鲁果能,一名地椹。生川泽石边。

藁本:味辛温。主妇人疝瘕,阴中寒、肿痛,腹中急,除风头痛。长肌肤,悦颜色。一名鬼卿,一名地新。生山谷。

水萍:味辛寒。主暴热,身痒,下水气,胜酒,长须发❶,止消渴。久服,轻身。一名水花。生池泽。

翘根:味甘寒。主下热气,益阴精,令人面悦好,明目。久服,轻身,耐老。生平泽。

栀子:味苦寒。主五内邪气,胃中热气,面赤,酒皰皶鼻,白癞,赤癞,疮疡。一名木丹。生川谷。

秦皮:味苦微寒。主风寒湿痹,洗洗寒气,除热,目中青翳、白膜。久服,头不白,轻身。生川谷。

秦椒:味辛温。主风邪气,温中,除寒痹,坚齿发,明目。久服,轻身,好颜色,耐老增年,通神。生川谷。

猪苓:味甘平。主痎疟,解毒蛊,蛊疰不祥,利水道。久服,轻身,耐老。一名猳猪屎。生山谷。

白僵蚕:味咸平。主小儿惊痫、夜啼,去三虫,灭黑䵟,令人面色好,男子阴疡病。生平泽。

龙眼:味甘平。主五脏邪气,安志,厌食。久服,强魂,聪明,轻身,不老,通神明。一名益智。生山谷。

水苏:味辛微温。主下气,辟口臭,去毒,辟恶。久服,通神明,轻身,耐老。生池泽。

(三)《神农本草经》卷三

石灰:味辛温。主疽疡疥瘙,热气,恶疮,癞疾,死肌,堕眉,杀痔虫,去黑子、息肉。一名恶灰。生山谷。

冬灰:味辛微温。主黑子,去疣、息肉,疽、蚀,疥瘙。一名藜灰。生川泽。

---

❶ 《艺文类聚》作乌发。

蜀椒：味辛温，主邪气，欬逆，温中，逐骨节皮肤死肌，寒湿痹痛，下气。久服之，头不白，轻身，增年。生川谷。

桃核仁：味苦平。主瘀血，血闭瘕痕，邪气，杀小虫。桃花杀疰恶鬼，令人好颜色。桃凫，微温，主杀百鬼精物。桃毛，主下血瘕，寒热积聚，无子。桃蠹，杀鬼邪恶不详。生川谷。

三、《肘后救卒方》所记载的美容方药

《肘后救卒方》，又称《肘后备急方》《肘后方》，为晋代著名的道教理论家、医药学家和炼丹家葛洪所著。所谓"肘后"，指可以挂于臂肘，比喻其携带方便，"救卒"，则指救治突然发生的疾病。该书是我国现存最早的急症诊治专著，突出了"简、便、廉、验"的用药特点。《肘后救卒方》中收录了大量珍贵的医药文献，不少都是首次记录，对于我们今天了解魏晋时期的医药面貌起到了重要作用。我国第一位获得诺贝尔生理学或医学奖的科学家——屠呦呦的获奖灵感就来自于《肘后方》所记载的"青蒿方"。

《肘后方》对于我国中医美容方剂的发展也做出了突出的贡献，葛洪在书中首次将中医美容列为专篇论述，第八卷专设"治面疱发秃身臭心惛鄙丑方第五十二"篇，书中记载了大量美白、去黑、去斑的方剂，是我国最早有关中药美容复方的记载。

《肘后方·治面疱发秃身臭心惛鄙丑方第五十二》

葛氏，疗年少气充，面生疱疮：胡粉、水银、腊月猪脂和，熟研。令水银消散，向暝以粉面，晓拭去，勿水洗。至暝又涂之。三度即瘥。姚方同。

又方：涂麋脂，即瘥。

又方：三岁苦酒，渍鸡子三宿，软，取白，以涂上。

《隐居效方》疱疮方：黄连、牡蛎各二两。二物捣、筛，和水作泥封疮上，浓汁粉之，神验。

冬葵散：冬葵子、柏子仁、茯苓、瓜瓣各一两。四物为散，食后，服方寸匕，日三，酒下之。

疗面及鼻酒渣方：真珠、胡粉、水银，分等，猪脂和涂。

又，鸬鹚矢和腊月猪脂涂，亦大验。神效。

面多野黡，或似雀卵色者：苦酒煮术，常以拭面，稍稍自去。

又方：新生鸡子一枚，穿去其黄，以朱末一两，内中，漆固。

别方云：蜡塞，以鸡伏著，倒出取涂面，立去而白。

又别方，出西王母枕中。陈朝张贵妃常用膏方：鸡子一枚，丹砂二两，末之。仍云：安白鸡腹下伏之，余同。鸡子令面皮急而光滑，丹砂发红色，不过五度，傅面，面白如玉，光润照人，大佳。

卒病余，面如米粉傅者，熬矾石，酒和涂之。姚云：不过三度。

又方：白蔹二分，杏仁半分，鸡矢白一分。捣下，以蜜和之。杂水以拭面，良。

常用验方：

疗人头面患痹疡方：雄黄、硫黄、矾石，末，猪脂和，涂之。

又方：取生树木孔中蚛汁，拭之，末桂，和，傅上，日再三。

又方：蛇蜕皮，熬以磨之，数百度，令热。乃弃草中，勿顾。

疗人面体黧黑、肤色粗陋、皮厚状丑：细捣羖羊胫骨，鸡子白和，傅面。干，以白梁米泔汁洗之。三日如素，神效。

又方：芜菁子二两，杏仁一两。并捣，破栝蒌去子囊，猪胰五具，淳酒和，夜傅之。寒月以为手面膏。别方云：老者少，黑者白。亦可加土瓜根一两，大枣七枚，日渐白悦。姚方：猪胰五具，神验。

《隐居效验方》面黑令白、去黡方：乌贼鱼骨、细辛、栝蒌、干姜、椒各二两。五物切，以苦酒渍三日，以成炼牛髓二斤，煎之。苦酒气尽，药成，以粉面，丑人特异鲜好。神妙方。

又，令面白如玉色方：羊脂、狗脂各一升，白芷半升，甘草一尺，半夏半两，乌喙十四枚。合煎，以白器成，涂面，二十日即变，兄弟不相识，何况余人乎？

《传效方》疗化面方：真珠屑、光明砂（并别熟研），冬瓜陈仁各二两（亦研），水银四两。以四五重帛练袋贮之铜铛中，醋、浆微火煮之，一宿一日堪用。取水银和面脂，熟研使消，乃合珠屑、砂，并瓜子末，更合调，然后傅面。

又，疗人面无光润，黑皯及皱，常敷面脂方：细辛、葳蕤、黄芪、薯蓣、白附子、辛夷、川芎、白芷各一两，栝蒌、木兰皮各一分，成炼猪脂二升。十一物切之，以绵裹，用少酒渍之一宿，内猪脂煎之七上七下。别出一片白芷内煎，候白芷黄色，成。去滓，绞用汁，以敷面，千金不传。此膏亦疗金疮，并吐血。

疗人皯，令人面皮薄如蕣华方：鹿角尖取实白处，于平石上以磨之。稍浓，取一大合。干姜一大两，捣，密绢筛，和鹿角汁，搅使调匀。每夜先以暖浆水洗面，软帛拭之，以白蜜涂面，以手拍，使蜜尽，手指不粘为尽。然后涂药，平旦还以暖浆水洗。二三七日，颜色惊人。涂药不见风日，慎之。

又，面上暴生皯方：生杏仁，去皮，捣，以鸡子白和，如煎饼面。入夜洗面，干，涂之。旦，以水洗之，立愈。姚方云：经宿拭去。

面上皯䵳子化面并疗，仍得光润皮急方：土瓜根，捣，筛，以浆水和，令调匀。入夜，浆水以洗面，涂药。旦，复洗之。百日光华射人，夫妻不相识。

葛氏服药取白方：取三树桃花，阴干，末之。食前，服方寸匕，日三。姚云：并细腰身。

又方：白瓜子中仁五分，白杨皮二分，桃花四分，捣末。食后，服方寸匕，日三。欲白，加瓜子；欲赤，加桃花。三十日面白，五十日手足俱白。又一方，有橘皮三分，无杨皮。

又方：女菀三分，铅丹一分。末，以醋浆。服一刀圭，日三服。十日大便黑，十八、十九日如漆，二十一日全白，便止，过此太白。其年过三十，难复疗。服药忌五辛。

又方：朱丹五两，桃花三两，末。井朝水服方寸匕，日三服。十日知，二十日太白，小便当出黑汁。

又方：白松脂十分，干地黄九分，干漆五分（熬），附子一分（炮），桂心二分。捣下筛，蜜丸。服十丸，日三。诸虫悉出，便肥白。

又方：干姜、桂、甘草分等，末之，且以生鸡子一枚，内一升酒中，搅温，以服方寸匕。十日知，一月白，光润。

又方：去黑。羊胆、猪胰、细辛等分，煎三沸，涂面靥。旦，醋浆洗之。

又方：茯苓、白石脂，分等，蜜和涂之，日三度。

服一种药，一月即得肥白方：大豆黄炒，舂如作酱滓。取纯黄一大升，捣，筛，炼猪脂和，令熟，丸。酒服二十丸，日再。渐加至三、四十丸，服尽五升，不出一月，即大能食，肥白，试用之。

疗人须鬓秃落不生长方：麻子仁三升，秦椒二合。置泔汁中一宿，去滓。日一沐，一月长二尺也。

又方：蔓荆子三分，附子二枚。碎，酒七升，合煮，器中封二七日。泽沐，十日长一尺。勿近面上，恐有毛生。

又方：桑白皮（锉）三二升，以水淹，煮五六沸，去滓。以洗须鬓，数数为之，即自不落。

又方：麻子仁三升，白桐叶一把，米泔煮五六沸，去滓。以洗之，数之则长。

又方：东行桑根长三尺，中央当甑饭上蒸之，承取两头汁，以涂须鬓，则立愈。

疗须鬓黄方：烧梧桐灰，乳汁和，以涂肤及须鬓，佳。

染发须白令黑方：醋浆煮豆，漆之，黑如漆色。

又方：先洗须发令净，取锻石、胡粉，分等，浆和，温。夕卧涂讫，用油衣包裹，明日洗去，便黑，大佳。

又，拔白毛、令黑毛生方：拔去白色，以好白蜜任孔中，即生黑毛。眉中无毛，亦针挑伤，敷蜜，亦毛生。比见诸人水取石子，研丁香汁，拔讫，急手傅孔中，亦即生黑毛。此法大神验。

若头风白屑，捡风条中方、脂泽等方，在此篇末。

姚方：疗黠：白蜜和茯苓，涂上。满七日，即愈。

又疗面上粉刺方：捣生菟丝，绞取汁，涂之，不过三五上。

又黑面：牯羊胆、牛胆、淳酒三升，合煮三沸，以涂面，良。

面上恶疮方：黄连、黄柏、胡粉各五两，下筛，以粉面上疮。疮方并出本条中，患，宜检用之。

葛氏疗身体及腋下狐臭方：正旦以小便洗腋下，即不臭。姚云大神验。

又方：烧好矾石，作末，绢囊贮，常以粉腋下。

又，用马齿矾石，烧，令汁尽，粉之，即瘥。

又方：青木香二两，附子一两，锻石一两。细末，著粉腋中，汁出，即粉之。姚方有矾石半两，烧。

又方：炊饭及热丸，以拭腋下臭，仍与犬食之，七日一如此，即瘥。

又方：煮两鸡子熟，去壳皮，各内腋下。冷，弃三路口，勿反顾。三为之，良。

姚方：取牛脂、胡粉、合椒，以涂腋下，一宿即愈。可三两度作之，则永瘥。

又，两腋下及手足掌、阴下股里常汗湿致臭方：干枸杞根、干蔷根、甘草半两，干商陆、胡粉、滑石各一两。六物以苦酒和，涂腋下，当汁出，易衣更涂。不过三敷，便愈。或更发，复涂之。不可多敷，伤人腋。余处亦涂之。

若股内阴下常湿且臭、或作疮者方：但以胡粉一分，粉之，即瘥。

《隐居效方》疗狐臭：鸡舌、藿香、青木香、胡粉各二两。为散，内腋下，绵裹之，常作，瘥。

令人香方：白芷、熏草、杜若、杜蘅、藁本分等，蜜丸为丸。但旦服三丸，暮服四丸，二十日足下悉香。云大神验。

又方：瓜子、川芎、藁本、当归、杜蘅、细辛各二分，白芷、桂各五分。捣下。食后，服方寸匕，日三服。五日口香，一十日肉中皆香，神良。

《小品》又方：甘草、松树根及皮、大枣、甜瓜子。四物分等，末，服方寸匕，日三。二十日觉效，五十日身体并香，百日衣服床帏皆香。姚同。

《传用方》，头不光泽、腊泽饰发方：青木香、白芷、零陵香、甘松香、泽兰各一分。用绵裹，酒渍再宿。内油里煎，再宿，加腊泽，斟量硬软，即火急煎，著少许胡粉、胭脂，讫。又缓火煎令粘极，去滓，作梃，以饰发，神良。

作香泽涂发方：依腊泽药，内渍油里煎。即用涂发，亦绵裹，煎之。

作手脂法：猪胰一具，白芷、桃仁（碎）各一两，辛夷各二分，冬瓜仁二分，细辛半分，黄瓜、栝蒌人各三分。以油一大升，煮白芷等二三沸，去滓，挼猪胰取尽，乃内冬瓜、桃仁末，合和之，膏成。以涂手掌，即光。

䓖豆香藻法：䓖豆一升，白附、川芎、白芍药、水栝蒌、当陆、桃仁、冬瓜仁各二两。捣，筛，和合。先用水洗手面，然后傅药粉饰之也。

六味熏衣香方：沉香一片，麝香一两，苏合香（蜜涂微火炙，少令变色），白胶香一两。捣沉香令破如大豆粒；丁香一两，亦别捣，令作三两段；捣余香，讫。蜜和为炷，烧之。若熏衣，著衣半两许。又藿香一两，佳。

葛氏既有膏傅面、染发等方，故疏脂泽等法，亦粉饰之所要云。

发生方：蔓荆子三分，附子二枚，生用，并碎之。二物以酒七升和，内瓷器中，封闭，经二七日，药成。先以灰汁净洗须发，痛，拭干，取乌鸡脂揩，一日三遍，凡经七日，然后以药涂，日三四遍。四十日长一尺。余处则勿涂。

附方

《肘后方》姚氏疗黚：茯苓末，白蜜和，涂上。满七日，即愈。
又方：疗面多皯黯，如雀卵色。以羚羊胆一枚，酒二升，合煮三沸。以涂拭之，日三度，瘥。
《千金方》治血黚面皱：取蔓荆子烂研，入常用面脂中，良。

崔元亮《海上方》灭瘢膏：以黄矾石（烧令汁出），胡粉（炒令黄）各八分。惟须细研，以腊月猪脂和，更研如泥。先取生布揩，令痛，则用药涂，五度。又取鹰屎白、燕窠中草，烧作灰，等分，和人乳涂之，其瘢自灭，肉平如故。

又方：治面䵟黑子：取李核中仁，去皮细研，以鸡子白和如稀饧，涂。至晚每以淡浆洗之，后涂胡粉。不过五六日，有神。慎风。

《孙真人食忌》去黡子：取锻石，炭上熬令热，插糯米于灰上，候米化，即取米点之。

《外台秘要》救急去黑子方：夜以暖浆水洗面，以布揩黑子令赤痛，水研白檀香，取浓汁以涂之。旦，又复以浆水洗面，仍以鹰粪粉黑子。

又，令面生光方：以密陀僧用乳煎，涂面，佳。兼治瘟鼻皰。

《圣惠方》治䵟黮斑点方：用密陀僧二两，细研，以人乳汁调，涂面，每夜用之。

又方：治黑痣生于身面上。用藜芦灰五两，水一大碗，淋灰汁于铜器中贮。以重汤煮，令如黑膏，以针微拨破痣处，点之。良。不过三遍，神验。

又方：生眉毛。用七月乌麻花，阴干为末，生乌麻油浸，每夜敷之。

《千金翼》老人令面光泽方：大猪蹄一具，洗净，理如食法。煮浆如胶，夜以涂面，晓以浆水洗面，皮泽矣。

《谭氏小儿方》疗豆疮瘢䵟：以密陀僧细研，水调，夜涂之，明旦洗去，平复矣。

有治瘢痕三方，具风条中。

《千金方》治诸腋臭：伏龙肝浇作泥，敷之，立瘥。

《外台秘要》治狐臭：若股内、阴下恒湿臭，或作疮，青木香好醋浸，致腋下夹之，即愈。

又，生狐臭，以三年酽醋，和锻石，敷之。

《经验方》善治狐臭，用生姜涂腋下，绝根本。

又方：乌髭鬓，驻颜色，壮筋骨，明耳目，除风气，润肌肤，久服令人轻健。苍术不计多少，用米泔水浸三两日。逐日换水，候满日即出。刮去黑皮，切作片子，曝干，用慢火炒令黄色，细捣末。每一斤末，用蒸过茯苓半斤，炼蜜为丸，如梧桐子大。空心，卧时，温熟水下十五丸。别用术末六两，甘草末一两，拌和匀，作汤点之，下术丸，妙。忌桃、李、雀蛤及三白。

《千金方》治发落不生，令长：麻子一升，熬黑，压油，以敷头，长发，妙。

又，治发不生：以羊屎灰，淋取汁，洗之。三日一洗，不过十度，即生。

又，治眉发髭落：锻石三升，以水拌匀，焰火炒令焦，以绢袋贮。使好酒一斗渍之，密封，冬十四日，春秋七日。取服一合，常令酒气相接。严云：百日即新髭发生，不落。

《孙真人食忌》生发方：取侧柏叶，阴干作末，和油涂之。

又方：令发鬓乌黑。醋煮大豆黑者，去豆，煎令稠，敷发。

又方：治头秃。芜菁子，末，酢和，敷之，日三。

《梅师方》治年少发白：拔去白发，以白蜜涂毛孔中，即生黑者。发不生，取梧桐子捣汁涂上，必生黑者。

《千金翼》疗发黄：熊脂涂发，梳之散，头入床底，伏地，一食顷，即出，便尽黑。不过一升脂，验。

《杨氏产乳》疗白秃疮及发中生癣。取熊白敷之。

又，疗秃疮，取虎膏，涂之。

《圣惠方》治白秃：以白鸽粪，捣，细罗为散。先以醋、米泔，洗，敷之，立瘥。

又，治头赤秃。用白马蹄烧灰，末，以腊月猪脂和敷之。

《简要济众》治头疮：大笋壳叶，烧为灰，量疮大小，用灰调生油敷，入少腻粉，佳。

四、《千金要方》所记载的美容方药

隋唐时期，是化妆美容发展的兴盛时期。在中医养生防病、驻颜抗衰思想的指导下，中医美容有了突出的发展和创新，孙思邈的《千金方》与王焘的《外台秘要》堪称中医美容集大成之作。《备急千金要方》共30卷，232门，记载药方4500余首。内容主要包括医德规范、临床须知、妇、儿、内、外各科病证及解毒、急救、食治、养性、脉学、针灸、导引等内容，可谓集唐代以前医药学之大成，被誉为我国最早的一部临床医学百科全书。孙思邈认为"人命至重，有贵千金，一方济之，德逾于此"，故以"千金"给此书命名。孙思邈在《千金要方》和《千金翼方》两本书中，都设有"面药"和"妇人面药"的专篇，分别记载美容方剂81首和39首。书中的美容方剂内容十分丰富，有"治唇焦枯无润"的润脾膏，有治"面黑不净"的澡豆洗手面方，有"令面光悦，却老去皱的面膏方"，有"治发脱落"的发落生发方，还有"治面生黑斑""治面皮粗涩""治手皱、干燥少润""治口及身臭令香"的药方等。从美容作用看，涉及润肤、悦色、增白、除皱、生眉、乌发、固齿、肥健、祛斑及防治各种损美性皮肤病。从美容部位看，涉及颜面、牙齿、口唇、眼眉、头发、手足、肌肉等。从使用方法上看，内服的有丸、散、膏、汤、酒等，外用的包括面脂、面膜、面膏、口脂、唇脂、洗面液、洗头液、洗手液、沐药、染发剂等。从美容方法看，以辨证内服中药和外用中药制剂为主，并结合按摩、气功、食疗、针灸、调神等多种手段综合调理。从美容对象看，以女性为主，但也涉及小儿、老人、男子等。从治疗病种看，涉及类似现代的黄褐斑、黑斑病、色素痣、痤疮、酒渣鼻、脂溢性皮炎、斑秃、头癣、白癜风、手足皲裂、瘢痕疙瘩、腋臭等多种损美性疾病。此外，该书还收集了针灸美容、膳食美容、气功美容、按摩美容等美容方法。总之，该书所记载的有关中医美容的内容十分丰富，在中医美容史上占有重要地位。

《备急千金要方》卷六：七窍病下·面药第九

五香散：治黯疱黡皯，黑晕赤气，令人白光润方：荜豆（四两） 黄芪 白茯苓 萎蕤 杜若 商陆 大豆黄卷（各二两） 白芷 当归 白附子 冬瓜仁 杜蘅 白僵蚕 辛夷仁 香附子 丁子香 蜀水花 旋复花 防风 木兰 芎䓖 藁本 皂荚 白胶 杏仁 梅肉 酸浆 水萍 天门冬 白术 土瓜根（各三两） 猪胰（二具，曝干）。上三十二味下筛，以洗面，二七日白，一年与众别。

洗手面，令白净悦泽澡豆方：白芷 白术 白藓皮 白蔹白附子 白茯苓 羌活 萎蕤 栝蒌子 桃仁 杏仁 菟丝子 商陆 土瓜根 川芎（各一两） 猪胰（两具大者，细切） 冬瓜仁（四合） 白豆面（一升） 面（三升，溲猪胰为饼，曝干，捣筛）。上十九味合，捣，筛，入面、猪胰拌匀，更捣。每日常用，以浆水洗手面，甚良。

治面黑不净，澡豆洗手面方：白藓皮 白僵蚕 川芎 白芷 白附子 鹰屎白 甘松香 木香（各三两，一本用藁本） 土瓜根（一两，一本用甜瓜子） 白梅肉（三七枚） 大枣（三十枚） 麝香（二两） 鸡子白（七枚） 猪胰（三具） 杏仁（三十枚） 白檀香 白术 丁子香（各三两，一本用细辛） 冬瓜仁（五合） 面（三升）。上二十味，先以猪胰和面，曝干，然后合诸药，捣末，又以白豆屑二升为散。旦用洗手面，十日色白如雪，三十日如凝脂，神验（《千金翼》无白僵蚕、川芎、白附子、大枣，有桂心三两）。

洗面药，澡豆方：猪胰（五具，细切） 荜豆面（一升） 皂荚（三挺） 栝蒌实（三两，一方不用） 萎蕤 白茯苓 土瓜根（各五两）。上七味捣筛，将猪胰拌和，更捣令匀。每旦取洗手面，百日白净如素。

洗面药方：白芷 白蔹 白术 桃仁 冬瓜仁 杏仁 萎蕤（各等分） 皂荚（倍多）。上八味绢筛，洗手面时即用。

洗面药，除野黯悦白方：猪胰（两具，去脂） 豆面（四升）细辛 白术（各一两） 防风 白蔹 白芷（各二两） 商陆三两。上十味和土瓜根一两，捣，绢罗，即取大猪蹄一具，煮令烂作汁，和散为饼，曝燥，更捣为末，罗过。洗手面，不过一年，悦白。

澡豆，治手干燥少润腻方：大豆黄（五升） 苜蓿 零陵香子 赤小豆（各二升，去皮） 丁香（五合） 麝香（一两） 冬瓜仁 茅香（各六合） 猪胰（五具，细切）。上九味细捣，罗，与猪胰相合和，曝干、捣、绢筛，洗手面。

澡豆方：白芷 青木香 甘松香 藿香（各二两） 冬葵子（一本用冬瓜仁） 栝蒌仁（各四两） 零陵香（二两） 毕豆面（三升，大豆黄面亦得）。上八味捣筛，用如常法。

桃仁澡豆，主悦泽，去野黯方：桃仁 芜菁子（各一两）白术（六合） 土瓜根（七合） 黑豆面（二升）。上五味合和，捣，筛，以醋浆水洗手面。

澡豆，主手干燥、常少润腻方：猪胰（五具，干之） 白茯苓 白芷 藁本（各四两） 甘松香 零陵香（各二两） 白商陆（五两） 大豆末（二升，绢下） 蒴灰（一两）。上九味为末，调和讫，与猪胰相和，更捣令匀。欲用，稍稍取以洗手面。八九月则合冷处贮之，至三月已后勿用，神良。

治面无光泽，皮肉皱黑，久用之，令人洁白光润，玉屑面膏方：玉屑（细研） 川芎 土瓜根 姜蒅 桃仁 白附子 白芷 冬瓜仁 木兰 辛夷（各一两） 菟丝子 藁本 青木香 白僵蚕 当归 黄芪 藿香 细辛（各十八铢） 麝香 防风（各半两） 鹰屎白（一合） 猪胰（三具，细切） 蜀水花（一合） 白犬脂 鹅脂 熊脂（各一升）。上二十八味，先以水浸猪、鹅、犬、熊脂，数易水，浸，令血脉尽，乃可用。㕮咀诸药，清酒一斗渍一宿。明旦生擘猪鹅等脂安药中，取铜铛于炭火上，微微煎，至暮时乃熟。以绵滤，置瓷器中，以敷面。仍以练系白芷片，看色黄即膏成，其猪胰取浸药酒，挼胰取汁，安铛中。玉屑、蜀水花、鹰屎白、麝香末之，膏成，安药中，搅令匀。

面脂：主悦泽人面，耐老方：白芷　冬瓜仁（各三两）蒌蕤细辛　防风（各一两半）商陆　芎藭（各三两）当归　藁本蘼芜　土瓜根（去皮）桃仁（各一两）木兰皮　辛夷　甘松香麝香　白僵蚕　白附子　栀子花　零陵香（半两）猪胰（三具，切，水渍六日，欲用时，以酒取汁，渍药）。上二十一味薄切，绵裹，以猪胰汁渍一宿，平旦以前，猪脂六升，微火三上三下，白芷色黄膏成，去滓入麝，收入瓷器中，取涂面。

炼脂法：凡合面脂，先须知炼脂法。以十二月买极肥大猪脂，水渍七八日，日一易水，煎取清脂没水中。炼鹅、熊脂，皆如此法。

玉屑面脂方：玉屑　白附子　白茯苓　青木香　蒌蕤　白术白僵蚕　密陀僧　甘松香　乌头　商陆　石膏　黄芪　胡粉　芎药　藁本　防风　芒硝　白檀（各一两）当归　土瓜根　桃仁芎藭（各二两）辛夷　桃仁　白头翁　零陵香　细辛　知母（各半两）猪脂（一升）羊肾脂（一具）白犬脂　鹅脂（各一合）。上三十三味切，以酒、水各一升合渍一宿，出之。用铜器微火煎，令水气尽，候白芷色黄，去滓，停一宿，旦以柳枝搅白，乃用之。

又方：令黑者皆白，老者皆少方：玉屑　寒水石　珊瑚　芎藭　当归　土瓜根菟丝　藁本　辛夷仁　细辛　蒌蕤　商陆　白芷　防风　黄芪　白僵蚕　桃仁　木兰皮　藿香　前胡　蜀水花桂心　冬瓜仁　半夏　白蔹　青木香　杏仁　蘼芜　芒消　旋覆花　杜蘅　麝香　白茯苓　秦椒　白头翁　礜石　秦皮　杜若蜀椒　芜菁子　升麻　黄芩　白薇　栀子花（各六铢）栝蒌仁（一两）熊脂　白狗脂　牛髓　鹅脂　羊髓（各五合）清酒一升　鹰屎白一合　丁香六铢　猪脂肪一升。上五十四味㕮咀，酒渍一宿，纳脂等合煎，三上三下，酒气尽，膏成。绞去滓，下麝香末，一向搅至凝、色变止，瓷器贮，勿泄气。

面脂：治面上皱黑，凡是面上之疾皆主之方：丁香　零陵香桃仁　土瓜根　白蔹　防风　沉香　辛夷　栀子花　当归　麝香藁本　商陆　芎藭（各三两）蒌蕤（一本作白芨）藿香（一本无）白芷　甘松香（各二两半）菟丝子（三两）白僵蚕　木兰皮（各二两半） 蜀水花 青木香（各二两） 冬瓜仁（四两） 茯苓（三两） 鹅脂 羊肾脂（各一升半） 羊髓一升 生猪脂三大升。上二十九味㕮咀，先以美酒五升，猪胰六具，取汁，渍药一宿，于猪脂中极微火煎之，三上三下，白芷色黄，以绵一大两纳生布中，绞去滓，入麝香末，以白木篦搅之至凝乃止，任性用之，良。

面膏：去风寒，令面光悦，却老去皱方：青木香 白附子 芎䓖 白蜡 零陵香 香附子 白芷（各二两） 茯苓 甘松（各一两）。羊髓（一升半，炼）上十味㕮咀，以水、酒各半升，浸药经宿，煎三上三下，候水酒尽，膏成，去滓，敷面作妆，如有䵟𪒟皆落。

猪蹄汤：洗手面，令光润方：猪蹄（一具） 桑白皮 芎䓖 萎蕤（各三两） 白术（二两） 白茯苓（三两） 商陆（二两，一作当归） 白芷（三两）。上八味㕮咀，以水三斗煎猪蹄及药，取一斗，去滓。温一盏，洗手面，大佳。

令人面白净悦泽方：白蔹 白附子 白术 白芷（各二两） 藁本（三两） 猪胰（三具，水渍去赤汁尽，研）。上六味末之，先以芜菁子半升、酒水各半升，相和，煎数沸，研如泥，合诸药，纳酒水中，以瓷器贮，封三日。每夜敷面，旦以浆水洗之。

猪蹄浆：急面皮，去老皱，令人光净方：大猪蹄（一具，净治如食法），以水二升，清浆水一升，不渝釜中煮成胶，以洗手面。又以此药和澡豆，夜涂面，旦用浆水洗，面皮即急。

白面方：牡蛎（三两） 土瓜根（一两）。上二味末之，白蜜和之，涂面即白如玉。旦以温浆水洗之，慎风日。

鹿角散：令百岁老人面如少女，光泽洁白方：鹿角（长一握） 牛乳（三升） 芎䓖 细辛 天门冬 白芷 白附子 白术 白蔹（各三两） 杏仁（二七枚） 酥（三两）。上十一味㕮咀，其鹿角先以水渍一百日，出，与诸药纳牛乳中，缓火煎令汁尽，出角，以白练袋贮之，余药勿取。至夜取牛乳石上摩鹿角，取涂面，旦以浆洗之。无乳，小便研之亦得。

令人面洁白悦泽，颜色红润方：猪胰（五具） 芜菁子（二两）栝蒌子（五两）桃仁（三两）。上四味以酒和，熟捣，敷之，慎风日。

又方：采三株桃花，阴干，末之，空心饮，服方寸匕，日三。并细腰身。

又方：以酒渍桃花服之，好颜色，治百病。三月三日收。

桃花丸：治面黑䵟，令人洁白光悦方：桃花（二升）桂心 乌喙 甘草（各一两）。上四味末之，白蜜为丸，服如大豆许十九，日二。十日易形。（一方有白附子、甜瓜子、杏仁各一两，为七味。）

铅丹散：治面黑，令人面白如雪方：铅丹（三十铢）真女菀（六十铢）。上二味治下筛，酒服一刀圭，日三。男十日知，女二十日知，知则止。黑色皆从大便中出矣，面白如雪。

白杨皮散：治面与手足黑，令光泽洁白方：白杨皮（十八铢，一方用橘皮）桃花（一两）白瓜子仁（三十铢）。上三味治下筛，温酒服方寸匕，日三。欲白，加瓜子；欲赤，加桃花。三十日面白，五十日手足俱白。

治面䵟䵟内外治方：成炼松脂为末，温酒服三合，日三服，尽三升，无不瘥。

治外膏方：白芷 白蜡（各二两）白附子 辛夷 防风 乌头 藿香（各半两）藁本（一两）菱蕤 零陵香（各半两）商陆 麝香（各六铢）牛脂 鹅脂（各一升）羊脂（五合）麻油（二合）。上十六味薄切，醋渍，浃浃然一宿，合煎，候白芷色黄，膏成。以皂荚汤洗面，敷之，日三。

又方：白矾 石硫黄 白附子（各六铢）。上三味为末，以醋一盏渍之三日。夜净洗面，敷之。莫见风口，三七日慎之，白如雪。

又方：鸡子（三枚）丁香（一两）胡粉（一两，细研）。上三味，先以醋一升渍七日后，取鸡子白调香粉，令匀，以浆水洗面，敷之。

治面䵟方：李子仁末，和鸡子白，敷一宿即落。

又方：白羊乳（二升）羊胰（二具，水浸、去汁、细擘）

甘草（二两末）。上三味相和一宿，先以醋浆水洗面，生布拭之，夜敷药两遍，明旦以猪蹄汤洗却，每夜洗之。

又方：白附子末，酒和，敷之，即落。

又方：桂心　石盐　蜜（各等分）。上三味末之，相和以敷。

治人面黯䵟黑，肤色粗陋，皮厚状丑方：羊胫骨末，以鸡子白和，敷之，旦以白粱米泔洗之，三日白如珂雪。

又方：白蜜和茯苓粉敷之，七日愈。

又方：杏仁（末之）　鸡子白，上二味相和，夜涂面，明旦以米泔洗之。

又方：杏仁酒浸皮脱，捣，绢袋盛，夜拭面。

又方：酒浸鸡子三枚，密封，四七日成，敷面，白如雪。

治面黯䵟，令悦泽光白润好及手皴方：猪蹄（两具，治如食法）　白粱米（一斗，洗令净）。上二味，以水五斗合煮猪蹄烂，取清汁三斗，用煮后药。白茯苓　商陆（各五两）　萎蕤（一两）白芷　藁本（各二两）。上五味，㕮咀，以前药汁三斗，并研桃仁一升，合煮。取一斗五升，去滓，瓷瓶贮之，纳甘松、零陵香末各一两入膏中，搅令匀，绵幕之，每夜用涂手面。

面多黯䵟，面皮粗涩，令人不老，皆主之方：朱砂　雄黄（各二两）　水银霜（半两）　黄鹰粪（二升）　上胡粉（二两）。上五味并细研如粉，以面脂和净洗面，夜涂之，以手细摩令热，明旦不废作妆，然须五日一洗面一涂，不过三遍，所有恶物一切皆除。数倍少嫩，慎风日。不传，神秘。

治黯䵟乌黡，令面洁白方：马珂（二两）　珊瑚　白附子鹰屎白（各一两）。上四味研成粉，和匀，用人乳调以敷面，夜夜著之，明旦以温浆水洗之。

治面黑生黯疱方：白蔹（十二铢）　生礜石（《救急方》无礜石）白石脂（各六铢）　杏仁（三铢）。上四味研，和鸡子白，夜卧涂面上，旦用井花水洗之。

治面黯疱，令人悦白方：栝蒌子（六合）　麝香（半两）　白石脂（五合）　雀屎（二合，去黑）。上四味捣筛，别研麝香、雀粪、白石脂和合，取生菟丝苗汁，和之如薄泥。先用澡豆洗去面上腻，以涂黚上，日夜三四过，旦以温浆水洗之，任意作妆。

治黚子面不净方：以上朱砂研细如粉，和白蜜涂之，旦以醋浆洗之，大验。

又方：白附子　香附子　白檀　马珂　紫檀（各一两）。上五味末之，白蜜和如杏仁大，阴干，用时以水研涂面，旦以温水洗。忌风油，七日面如莲花。

治面黚黯方：沉香　牛黄　薰陆香　雌黄　鹰屎　丁香　玉屑（各十二铢）　水银（十铢）。上八味末之，蜜和以敷。

治面黑黚黯皮皱皱散方：白附子　密陀僧　牡蛎　茯苓　川芎（各二两）。上五味末之，和以羖羊乳，夜涂面，以手摩之，旦用浆水洗，不过五六度。一重皮脱，黚瘥矣。

治面黚黯方：水和丹砂末服方寸匕，男七日，女二七日，色白如雪。

白瓜子丸：治面黚黯，令色白方：白瓜子（二两）　藁本　远志　杜蘅（各一两）　天门冬（三两）　白芷　当归　车前子　云母粉（各一两）　柏子仁　细辛　橘皮　栝蒌仁　铅丹　白石脂（各半两）。上十五味末之，蜜和，空腹服，如梧子二十丸，日三。

去面上靥子、黑痣方：夜以暖浆水洗面，以生布揩靥子，令赤痛，水研白旃檀，取汁令浓，以涂靥子上，旦以暖浆水洗之，仍以鹰屎白粉其上。

治粉滓黚黯方：白蔹（十二铢）　白石酯（六铢）。上二味捣筛，以鸡子白和，夜卧涂面，旦用井花水洗。

去粉滓黚黯皱疱及茸毛，令面悦泽光润如十四五时方：黄芪　白术　白蔹　萎蕤　土瓜根　商陆　蜀水花　鹰屎白（各一两）　防风（一两半）　白芷　细辛　青木香　芎藭　白附子　杏仁（各二两）。上十五味末之，以鸡子白和，作挺，阴干，石上研之，以浆水涂面，夜用，旦以水洗。细绢罗如粉，佳。

治面粉滓方：熬矾石以清酒和敷之，不过三上。

又方：捣生菟丝苗汁涂，不过三上。

治面疱方：羖羊胆　牛胆（各一具）　淳酒（一升）。上三味合煮三五沸，敷之。

治年少气盛、面生疱疮方：胡粉（半两）　水银（一两）。上二味以腊月猪脂和，熟研令水银消散，向暝以粉面，旦起布拭之，慎勿水洗，至暝又涂之，不过三上，瘥。一方有真珠。

白膏治面瘟疱疥痛恶疮方：附子（十五枚）　野葛（一尺五寸）蜀椒（一升）。上三味，㕮咀，以酢渍一宿，猪膏一斤煎，令附子黄，去滓涂之，日三。

栀子丸：治酒瘟鼻疱方：栀子仁（三升）　芎藭（四两）　大黄（六两）　豉（三升）　木兰皮（半两）　甘草（四两）。上六味末之，蜜和，服十九如梧桐子，日三，稍加至十五丸。

薄鼻疱方：蒺藜子　栀子仁　豉（各一升）　木兰皮（半斤，一本无）。上四味末之，以醋浆水和如泥，夜涂上，日未出时，暖水洗之，亦灭瘢痕。

治面瘟疱方：鸬鹚屎一升末之，以腊月猪脂和，令匀，夜敷之。

治面上风方：玉屑　密陀僧　珊瑚（各二两）　白附子（三两）。上四味末之，以酥和，夜敷面上，旦洗之，亦灭瘢痕。

治面疱甚者方：冬葵子　柏子仁　茯苓　冬瓜子。上四味各等分，末之，酒服方寸匕，食后服，日三。

治面疱方：荠苨　肉桂各二两，上二味为末，以酢浆服方寸匕，日一服。亦治䵝黯及灭瘢去黑痣。

又方：枸杞根（一十斤）　生地黄（三斤），上二味，先捣，筛枸杞，又捣碎地黄，曝干，合筛，空腹酒服方寸匕，日三。久服颜如童子，秘之。

治面瘟方：木兰皮一斤，以三年酢渍，令没百日，曝干，末之，温酒服方寸匕，日三。

治面有热毒恶疮方：胡粉（熬）　黄柏（炙）　黄连（各等分）。上三味末之，以粉上，瘥止，若疮干，以面脂调涂之，日三。

治灭瘢痕方：以猪脂三斤饲乌鸡一只，令三日使尽后，取白屎，纳白芷、当归各一两，煎白芷色黄，去滓，纳以鹰屎白半两，搅调，敷之，日三。

又方：禹余粮、半夏等分为末，以鸡子黄和，先以新布拭瘢处令赤，后用药敷之，勿见风，日二，十日瘥，十年者亦灭。

又方：鹰屎白（一合）辛夷（一两）白附子 杜若 细辛（各半两）。上五味咬咀，以酒五合浸一宿，以羊髓五两微火煎三上三下，去滓，小伤瘢上敷之，日三。

灭瘢痕无问新旧必除方：以人精和鹰屎白，敷之，日二，白蜜亦得。

治瘢痕凸出方：春夏以大麦秒，秋冬以小麦秒，好细绢下筛，以酥和，封上。

又方：鹰屎白（一两）衣白鱼（二七枚），上二味末之，蜜和以敷，日三五度，良。

又方：以热瓦熨之。

又方：以冻凌熨之。

又方：鹰屎白（二两）白僵蚕（二两半），上二味末之，以白蜜和敷，日三。慎五辛、生菜。

又方：腊月猪脂四升，煎大鼠一枚，令消尽，以生布拭瘢处令赤，涂之，不过四五上。

治身及面上印纹方：针刺字上破，以醋调赤土敷之，干又易，以黑灭即止。

又方：以未盈月儿屎敷上，一月即没。

五、《外台秘要》所记载的美容方药

唐代王焘所著《外台秘要》，晚于《千金要方》数十年，又称《外台秘要方》，简称《外台》，是唐代的又一部大型方书。该书40卷，1104门，载方6000余首。书中先论后方，每篇医理症候都是先引《诸病源候论》，再记述各家的医疗方剂，论著详尽，次序分明，具有重要的方剂文献学价值，该书颇为后人称道，《新唐书》将《外台秘要》称作"世宝"，历代不少医家认为"不观《外台》方，不读《千金》论，则医所见不广，用药不神"，足见该书在医学界地位之高。

王焘不满于当时许多美容方法被一些医家"极为秘惜，不许弟子泄漏一法。至于父子之间，亦不传示"的状况，因此他利用自己供职于"弘文馆"（相当于国家图书馆）之便，广泛收集各种美容秘方，载于书中，公诸于世，"欲使家家悉解，人人自知"，为普及推广美容方药做出了一定的贡献。书中专设"面部面脂药头膏发鬂衣香澡豆等三十四门"，载方226首，还收集了胭脂和口红等化妆品的制法，同时还增加了药熏、贴敷、泥疗、水浴等多种外治法，进一步充实了中医美容的内容。

以下均为《外台秘要》卷第三十二中选取的内容。

（一）面膏面脂兼疗面病方一十三首

《千金翼》论曰：面脂手膏、衣香澡豆，士人贵胜，皆是所要。然今之医门，极为秘惜，不许子弟泄漏一法，至于父子之间，亦不传示。然圣人立法，欲使家家悉解，人人自知，岂使愚于天下，令至道不行，壅蔽圣人之意，甚可怪也！

又面脂方：主面及皴皱䵟黑䵟，凡是面上之病，皆悉主之。

丁香（十一分） 零陵香 桃仁（去皮） 土瓜根 白敛 白及 防风 当归 沉香 辛夷 商陆 麝香（研） 栀子花 芎藭（各十二分） 蜀水花 青木香（各八分） 白芷 姜荄 菟丝子 藿香 甘松香（各十五分） 木兰皮 白僵蚕 藁本（各十分） 茯苓（十八分） 冬瓜仁（十六分） 鹅脂 羊髓（各一升半） 羊肾脂（一升） 猪胰（六具） 清酒（五升） 生猪肪脂（三大升）。上三十二味，按❶生猪胰汁，渍药一宿，于脂中煎三上三下，以白芷色黄，去滓。以上件酒五升，按猪胰，以炭火微微煎膏成，

---

❶ 按：揉搓。

绵滤之，贮器中，以涂面。

又面膏方：杜蘅 杜若 防风 藁本 细辛 白附子 木兰皮 当归 白术 独活 白茯苓 菱蕤 白芷 天门冬 玉屑（各一两） 菟丝子 防己 商陆 栀子花 橘仁 冬瓜仁 蘼芜花（各三两） 藿香 丁香 零陵香 甘松香 青木香（各二两）麝香（半两） 白鹅脂（如无鹅脂，羊髓代用） 白羊脂 牛髓（各一升） 羊胰（三具）。上三十二味，先以水浸膏髓等五日，日满别再易水；又五日，日别一易水；又十日，二日一易水，凡二十日止。以酒一升，接羊胰令消尽，去脉，乃细切香，于垍器中浸之，密封一宿，晓以诸脂等合煎三上三下，以酒水气尽为候。即以绵布绞去滓，研之千遍，待凝乃止，使白如雪。每夜涂面，昼则洗却，更涂新者。十日以后色等桃花（本方白蔹、人参各三两，无蘼芜花、冬瓜仁。此皆是面膏药，疑更有此二味）。

又方：香附子（十枚，大者） 白芷（二两） 零陵香（二两）茯苓（一两，并以大两） 蔓菁油（二升，无以猪膏充） 牛髓 羊髓（各一升） 水渍白腊（八两） 麝香（二分）。上九味，以油髓微火煎五物，令色变，去滓，纳麝香，研千遍，凝，用澡豆洗面后涂敷之。

又方：杏仁（二升，去皮） 白附子（三两） 密陀僧（二两，研如粉） 白羊髓（二升半） 真珠（十四枚，捣研如粉） 白藓皮（一两） 鸡子白（七枚） 胡粉（二两）。帛四重裹，于一石米下蒸之，熟下，阴干。

又方：当归 细辛 芎藭（各五分） 白术（八分） 白芷（七分） 辛夷 木兰皮 栝楼 香附子 藁本 桃花 蜀水花 商陆 密陀僧 白僵蚕 零陵香 杜蘅 鹰屎 白菱蕤 土瓜根（各二分） 麝香 丁香（各二两） 白附子 玉屑（各四分） 鹅脂（五合） 鹿髓（一升） 羊髓（一升） 白蜡（四两） 猪膏（二升）。上二十九味，细切，酢渍，密封一宿。明旦以猪膏煎三上三下，白芷色黄为药成，去滓，搅数万遍，令色白，以傅面。慎风日，良。

又方：防风 芎藭 白芷 白僵蚕 蜀水花 白蔹 细辛

茯苓　藁本　萎蕤　青木香　辛夷仁　当归　土瓜根　栝蒌仁（各三分）桃仁（去皮尖，半两）猪脂（二升）鹅脂（一升）羊肾脂（一升）。上十九味，细切，绵裹，酒二升浸一日一夜，便纳脂中，急火煎之三上三下，然后缓火，一夜药成，去滓，以寒水石粉三分，内脂中，以柳木篦熟搅。任用之。（并出第五卷中）

《千金》面膏，去风寒，令面光悦，耐老去皱方：青木香　白附子　芎䓖　白蜡　零陵香　白芷　香附子（各二两）茯苓　甘松（各一两）羊髓（一升半，炼之）。上十味，以水酒各半升，渍药经宿，煎三上三下，候酒水气尽，膏成。去滓，收贮任用，涂面作妆，䵟䵴皆落。

又方：玉屑　芎䓖　土瓜根　白芷　冬瓜仁　木兰皮　萎蕤　桃仁（去皮）白附子（各四两）商陆根（五分）辛夷　菟丝子　藁本　白僵蚕　当归　黄耆　藿香　细辛　防风　麝香　青木香（各三分）猪胰（三具）蜀水花（一合）鹰屎白（一合）白狗脂（一升）鹅脂（一升）熊脂（二升）。上二十七味细切，以清酒渍一宿，微火煎一日，以新布绞，去滓，以涂面。切慎风，任用之。（出第六卷中）

崔氏蜡脂方：白蜡（十两，炼令白）桃花　菟丝子　白芷　木兰皮　细辛　辛夷仁　白茯苓　土瓜根　栝蒌根　白附子　杜蘅　桃仁（去皮）杏仁（去皮，各三分）蔓菁子油（二升半）羊髓　牛髓　鹿髓脂（各合）。上十八味，并细切，以苦酒渍一宿，用上件腊油髓脂等，煎如面脂法，其蔓菁油、酒在前，煎令烟出后，始下蜡髓讫，纳诸药，候白芷色黄膏成，任用。每以澡豆洗面后以涂之。

又常用腊脂方：蔓菁油（三升）甘松香（一两）零陵香（一两）辛夷仁（五分）白术（二升）细辛（五分）竹茹（一升）竹叶（切五合）白茯苓（三分）蘼芜花（三分）羊髓（半升，以水浸，去赤脉炼之）麝香（任炙）。上十二味切，以绵裹，酒浸经再宿，绞去酒，以脂中煎，缓火令微似沸，三日许香气极盛，膏成。乃炼蜡令白。看临熟下腊，调，软硬得所贮用之。（出第

《文仲》疗人面无光润，黑皮皱，常敷面脂方：细辛 萎蕤 黄耆 白附子 薯蓣 辛夷 芎䓖 白芷（各一分）栝楼 木兰皮（各二分）猪脂（二升，炼成）。上十一味，切，以绵裹。用少酒渍一宿，纳脂膏，煎之七上七下，别出一斤，白芷煎色黄，药成，去滓，搅凝，以敷面，任用之。亦主金疮止血，良。

《延年》面脂方：白术 茯苓 杜蘅（各六分）萎蕤 藁本 芎䓖 土瓜根 栝蒌（各五分）木兰皮 白僵蚕 蜀水花 辛夷仁 零陵香 藿香（各四两）菟丝子（八分）栀子花 麝香（酒浸，绵裹）鹰屎白（各三分）冬瓜仁（五分）桃仁（五合，并令碎）白蜡（三两）羊脂（肾边者，一升）猪脂（三升，水浸七日，日别易水）猪胰（一具）白附子（四分）。上二十五味，并细切，酒二升，取猪胰、桃仁、冬瓜仁，绵裹，纳酒中，挼令消，绞取汁，用渍药一宿，别煎猪脂令消，去滓，以鹅脂、羊脂、白蜡于铛中，用绵裹，内铛微火煎，三上三下，药黄色，去滓，待澄候凝，纳鹰屎末，搅令匀，以涂面，妙。

又方：防风 萎蕤 芎䓖 白芷 藁本 桃仁（去皮）白附子（各六分）茯苓（八分）细辛 甘松香 零陵香（各二分）当归 栝楼（研，各四分）蜀椒（五十粒）鸬鹚屎 冬瓜仁（研，各三分）麝香（一分）。上十七味，酒浸，淹润一夕，明日以绵薄宽裹之，以白鹅脂三升、羊脂三升并炼成者以煎之，于铜器中微火上煎，使之沸，勿使焦也。乃下之三上，看白附子色黄膏成。去滓，又入铛中，上火纳麝香，气出仍麝香，更以绵滤度之，乃纳栝蒌仁、桃仁、冬瓜仁等脂，并鹰屎、鸬鹚屎粉等，搅令调，膏成待凝，以瓷器贮。柳木作槌子，于钵中研，使轻虚得所生光，研之无度数，二三日研之方始好，唯多则光滑，任用。

（二）洗面药方二首

《千金翼》面药方：朱砂（研）雄黄 水银霜（各半两）胡粉（二两）黄鹰屎（一升）。上五味，合和，洗净面，夜涂。

以一两霜和面脂，令稠如泥。先于夜欲卧时，以澡豆净极洗面，并手干拭，以药涂面，厚薄如寻常涂面厚薄，乃以指细细熟摩之，令药与肉相入，乃卧。上经五日五夜勿洗面，止就上作粉即得，要不洗面，至第六夜洗面，涂一如前法，满三度涂洗，更不涂也。一如常洗面也，其色光净，与未涂时百倍佳。出第五卷中。

《延年》洗面药方：萎蕤　商陆根　栝蒌　杜若　滑石（各八两）　土瓜根　芎䓖　辛夷仁　甘松香（各五两）　黄瓜蒌（五枚，去皮）　白茯苓　白芷（一斤）　木兰皮　零陵香（各三两）　麝香（二两）　苹豆（二升）　冬瓜仁（二升，去皮）　猪蹄（三具）。上十八味，捣为散，和苹豆，以水桃仁、冬瓜仁、黄瓜楼子，揉之令碎，以猪蹄汁中接令散，和药作饼子，曝干，捣，筛，更和猪蹄汁，又捻作饼，更曝干，汁尽乃止，捣筛为散，稍稍以洗手面，妙。

面色光悦方五首

《千金》疗人令面悦泽、好颜色方：猪胰（三具）　芜菁子（二两）　栝楼子（五两）　桃仁（三两，去皮）。上四味，以酒和之，捣如膏，以傅面，慎风日。妙。

又方：酒渍三月三日桃花，服之，好颜色，治百病。

又方：采三株桃花，阴干为散，以酒饮，服方寸匕，日三，令面光悦如红。（出第六卷中）

《千金翼》令面生光方：密陀僧以乳煎涂面，即生光（出第五卷中）。

《延年》去风令光润、桃仁洗面方：桃仁（五合，去皮），上一味，用粳米饭浆水研之令细，以浆水捣取汁，令桃仁尽，即休。微温用，洗面时长用，极妙。

令面色白方四首

《千金》疗面黑不白净方：白藓皮　白僵蚕　芎䓖　白附子　鹰屎白　白芷　青木香　甘松香　白术　白檀香　丁子香（各三

分）冬瓜仁（五合）白梅（二七枚，去核）瓜子（一两）杏仁（三十枚，去皮）鸡子白（七枚）大枣（三十枚，去核）猪胰（三具）面（三升）麝香（二分，研）。上二十味，先以猪胰和面，曝令干，然后合诸药，捣，筛。又以白豆屑二升为散，旦用洗面、手，十日以上太白，神验。出第六卷中

《文仲》令人面白似玉色光润方：羊脂 狗脂（各一升）白芷（半升）乌喙（十四枚）大枣（十枚）麝香（少许）桃仁（十四枚）甘草（一尺，炙）半夏（半两，洗）。上九味，合煎，以白芷色黄，去滓，涂面，二十日即变，五十日如玉光润。妙。

又《隐居效验》面黑令白去黯方：乌贼鱼骨 细辛 栝蒌 干姜 蜀椒（各三两）。上五味切，以苦酒渍三日，以成炼牛髓二斤煎之，以酒气尽，药成，作粉以涂面。丑人亦变鲜妙光华。

《近效》则天大圣皇后炼益母草留颜方：用此草每朝将以洗手、面，如用澡豆法。面上䵟䵑及老人皮肤皱等，并展落浮皮，皮落着手上如白垢，再洗，再有效。用此药已后欲和澡豆洗亦得，以意斟酌用之。初将此药洗面，觉面皮手滑润，颜色光泽，经十日许，特异于女面，经月余生血色，红鲜光泽异于寻常。如经年久用之，朝暮不绝，年四五十妇人，如十五女子。俗名郁臭，此方仙人秘之，千金不传，即用药亦一无不效。世人亦有闻说此草者，为之皆不得真法，今录真法如后，可勿传之。

五月五日收取益母草，曝令干，烧作灰。收草时勿令根上有土，有土即无效。烧之时，预以水洒一所地，或泥一炉烧益母草，良久烬无，取斗罗筛，此灰干，以水熟搅和溲之令极熟，团之如鸡子大作丸，于日里曝令极干讫。取黄土作泥，泥作小炉子，于地四边，各开一小孔子，生刚炭，上下俱着炭，中央着药丸，多火经一炊久，即微微着火烧之，勿令火气绝，绝即不好。经一复时药熟。切不得猛火，若药熔变为瓷巴黄，用之无验。火微，即药白色细腻。一复时出之于白瓷器中，以玉捶研，绢筛，又研三日不绝，收取药以干器中盛，深藏。旋旋取洗手面，令白如玉。女项颈上黑，但用此药揩洗，并如玉色。秘之，不可传，如无玉捶，

以麋角捶亦得。神验。

（三）面皯方一十三首

《广济》疗面方：雄黄（七分）　雌黄（五分，并以绵裹，于浆水中煮一日）　光明砂　密陀僧（五分，纳猪脂中煮数沸，煮讫洗用）　真珠（三分，研末）　硝粉（三分）　白僵蚕（三分）白芨（三分）　茯苓（五分）　水银（五分，和药末研，令消尽）。上十味，各研如粉讫，相和又研之，令匀少减，取和猪脂、面脂搅令调，每夜用澡豆浆水洗去妆，勿冲风及火。

《千金》疗面皯方：李子仁末和鸡子白，涂上则落。

又方：真白羊乳（三升）　羊胰（两具，以水渍去皮，细擘）甘草（二两，炙末）。上三味，相和一宿，先以酢浆水洗面，以生布拭之，夜涂药，明旦以猪蹄汤洗却，又依前为之即尽。

又方：白附子末，以水和涂上，频频用，即落尽。

又方：桂心、石姜，末，蜜和涂之。

又方：杏仁酒浸皮脱，捣如泥，以绢囊裹，夜则拭之，效。

又方：水和丹砂末，服方寸匕，男女七日，皆色白也。

又方：美酒浸鸡子三枚，蜜封四七日成，涂面净好无比。

又方：枸杞根（一百斤）　生地黄（三十斤），上二味，先下筛枸杞，又捣碎地黄，曝干，合下筛。空腹服方寸匕，日三，效。

《文仲》疗皯令人面皮薄如舜华方：鹿角尖（取实白，处于平石上，以水磨之，稍浓，取一升二合）　干姜（一两）。上二味，捣，筛干姜，以和鹿角汁，搅使调。每夜先以暖浆水洗面，软帛拭干，取上白蜜涂面，以手摩使蜜尽，手指不粘为候，后涂药，平明还以暖浆水洗之，二三日，颜色惊人。涂药不用遇见风日，妙。

《救急》疗面皯方：芍药　茯苓　杏仁（去皮）　防风　细辛白芷（各一两）　白蜜（一合）。上七味，捣为散，先以水银霜傅面三日，方始取前件白蜜以和散药傅面。夜中敷之，不得见风日，向晓任意作粉，能常用大佳。每夜先须浆水洗面后傅药。

《古今录验》疗面皯方：取白蜜和茯苓粉傅面，七日愈。

又疗面皯黯，苏合煎方：苏合香　麝香　白附子（炮）　女菀　蜀水花（各二两）　青木香（三两）　鸡舌香　鸬鹚屎（各一两）。上八味，先取糯米二升淅❶，硬炊一斗，生用一斗，合醇酢，用水一斛五斗，稍稍澄取汁，合得一斛，煮并令沸，以绵裹诸药，纳著沸浆中，煎得三升，药熟。以澡豆洗皯处，令燥，以药傅皯上，日再。欲傅药，常以酢浆水洗面后涂药。涂药至三四合，皯处当小急痛，皯处微微剥去便白，以浆三洗三敷玉屑膏讫，白粉之。若急痛勿怪，痒勿搔之，但以粉粉上而按抑痒处，满百日可用脂胡粉取，瘥。

（四）面皯黯方二十一首

《肘后》疗面多皯黯，如雀卵色者方：以苦酒渍白术，以拭面上，即渐渐除之。

又方：以羚羊胆、酒二升，合煮三沸，以涂拭之，日三，瘥。

又方：羊胆、猪头、细辛末，煎三沸，等分，涂面，平旦，以醋浆水洗之。

又方：茯苓、白石脂等分，末，和蜜涂之，日三，除去。

《文仲》疗皯黯方：杏仁去皮，捣末，鸡子白和，涂，经宿，拭之。

又方：桃花、瓜子各等分，捣，以敷面。

又方：茯苓末，以蜜和，敷之。

《备急》疗皯黯方：鸡子（一枚，去黄）　朱砂末（一两）。上二味，朱砂末纳鸡子中，封固口，与鸡同令伏，候鸡雏出，即取之以涂面，立去也。

又方：七月七日，取露蜂房子，于漆杯中渍，取汁，重滤绞之，以和胡粉，涂。

又去黯黵方：桑灰　艾灰（各三升），上二味，以水三升淋之，又重淋三遍，以五色帛纳中，合煎，令可丸，以敷黯上，则烂脱，

---

❶　淅：淘米。

乃以膏涂之，并灭瘢痕，甚妙。

《小品》疗面黯，灭瘢痕除皯去黑黠方：荠苨（二分）桂心（一分），上二味，捣，筛，以酢浆水服方寸匕，日一止即脱。又服栀子散瘥。

《千金》疗面皯黯，令悦白润好及手方：猪蹄（二具，治如食法）白梁米（一升，汰令净），以水五升煮蹄烂，澄取清汁三升，白茯苓　商陆（各五两）蘼芜　藁本　白芷（各三两）。上六味，以猪蹄汁并桃仁一升，合煮取二升，去滓，以白瓷器中贮之，纳甘松、零陵香各一两，以绵裹渍，以敷之。

又，澡豆方：猪胰（五具，干之）白茯苓　藁本　白芷（各四两）甘松香　零陵香（各三两）白商陆（五两）大豆（末，二升，绢筛）藋灰（一斗，火炼）。上九味捣，筛，调和讫，收贮。稍稍取前瓷中汁和，以洗手面，只用暖酢浆洗净后，任意水洗如常。八月、九月则合，冷处贮之，至三月以后，勿用，神良。

又皯皯面方：沉香　牛黄　薰陆香　雌黄　鹰屎（各二分）丁香（一分，末）水银（一两）玉屑（三分）。上八味作粉，以蜜和，涂之。

又皯面内外疗方：以成炼松脂为末，温酒服二合，日三服，尽二升，即瘥。

又方：白芷　白蜡（各八两）白附子　辛夷　乌头（炮）防风　藿香　商陆（各二分）藁本　蘼芜（各四分）零陵香（三分）麝香（一分）牛脂（一升）鹅脂（一升）羊脂（五合）麻油（二合）。上十六味，细锉，以酢渍，浃浃然一宿，以诸脂油煎，白芷色黄膏成。以皂荚汤洗面，傅之，日三，瘥。

又疗面皯方：白矾（烧汁尽）硫黄　白附子（各一分）。上三味捣，筛，以酢一盏渍之一宿，夜净洗面涂之，勿见风，白如雪也。（翼同）

又方：鸡子（三枚）丁香（一两）胡粉（一两，细研）。上三味，以醋一升，渍七日，取鸡子白，研丁香、胡粉一两和之，洗面，夜以药涂之，甚妙。

又方:羚羊胆　牛胆,上二味,以醋二升,合煮三沸,涂之,瘥。

《千金翼》面药方,疗䵟䵴及痦癗并皮肤皴劈方:防风　藁本辛夷　芍药　商陆根　白芷　牛膝　当归　细辛　密陀僧　芎䓖独活　萎蕤　木兰皮　零陵香　鸡舌香　丁香　藿香　麝香真珠(各一两)　蕤仁　杏仁(各二两,去皮)　腊月猪脂(三升,炼)　油(一升)　獐鹿脑(各一具。无以羊脑充)　牛髓(五升)。上二十六味,先以水浸脑髓使白,藿香以上哎咀如麦豆,乃于脑髓脂油中煎三上三下,以绵绞滤去滓,入麝香及真珠末等,研搅千遍,凝即涂面上。(谨按《千金翼》云二十九味,遂以诸本并《千金翼》校之,但二十六味,上云藿香已上哎咀,恐并藿香更有三味)

《必效》疗䵴䵟,令面白悦泽,白附子膏方:白附子　青木香丁香(各一两)　商陆根(一两)　细辛(三两)　酥(半升)羊脂(三两)　密陀僧(一两,研)　金牙(三两)。上九味,以酒三升渍一宿,煮取一升,去滓,纳酥,煎一升膏成,夜涂面上,旦起温水洗,不得见大风日,瘥。

(五)面䵟疱方一十五首

刘涓子疗面䵟疱,麝香膏方:麝香(三分)　附子(一两,炮)当归　芎䓖　细辛　杜蘅　白芷　芍药(各四分)。上八味,切,以腊月猪膏一升半,煎三上三下,去滓,下香膏成,以敷疱上,日三,瘥。

《肘后》疗年少气盛,面生䵟疱方:冬瓜子　冬葵子　柏子仁　茯苓(各等分)。上四味为散,食后,服方寸匕,日三服。

又方:黄连(一斤)　木兰皮(十两)　猪肚(一具,治如食法)。上三味哎咀,二味纳肚中,蒸于二斗米下以熟,切,曝干,捣散。食前以水服方寸匕,日再。

又方:麻黄(三两)　甘草(二两炙)　杏仁(三两,去尖皮,熬,别捣)。上三味,捣筛,酒下一钱匕,日三服。

又方:黄连(二两)　蛇床子(四合),上二味,捣末,以面脂和,涂面,日再,瘥。

《文仲》疗面皯疱方：胡粉、水银，以腊月猪脂和，傅之。

又方：熟研水银，向夜涂之，平明拭却，三四度，瘥。

又方：土瓜根捣，以胡粉、水银、青羊脂合，涂面皯处，当瘥。

《备急》疗面皯疱方：麋脂，涂拭面上，日再。

又方：鹰屎白（二分） 胡粉（一分），上二味，以蜜和，敷面上，瘥。

又，主少年面上起细疱方：按上浮萍，揞❶之，可饮少许汁，良。

又方：以三年苦酒渍鸡子三宿，当软破，取涂之，瘥。

《古今录验》疗面皯疱及产妇黑䵟如雀卵色，羊胆膏方：羊胆（一枚） 猪脂（一合） 细辛（一分）。上三味，以羊胆煎三上三下，膏成。夜涂傅，早起洗，以浆水洗去，验。

又疗面䵟疱皯玉屑膏方：玉屑 珊瑚 木兰皮（各三两）辛夷（去毛） 白附子 芎劳 白芷（各二两） 牛脂（五两）冬瓜仁（十合） 桃仁（一升） 猪脂（五合） 白狗脂（二斤）商陆（一升）。上十三味，切，煎三上三下，白芷色黄，其膏成。洗面涂膏，神验。

又疗面黑似土皯疱，白蓝脂方：白蓝（一分） 白矾（一分，烧）石脂（一分） 杏仁（半分，去尖皮）。上四味，捣筛，鸡子和。夜涂面，明旦以井花水洗之。白蓝即白蔹也。甚妙，老与少同。

（六）面渣疱方一十三首

《刘涓子》疗面渣疱，木兰膏方：木兰皮 防风 白芷 青木香 牛膝 独活 藁本 芍药 白附子 杜蘅 当归 细辛芎劳（各一两） 麝香（二分）。上十四味锉，以腊月猪脂二升，微火煎三上三下，绞去滓，入麝香，调以敷面上，妙。（出第五卷中）

《肘后》疗面及鼻病酒渣方：木兰皮（一斤，渍酒用三年者，百日出，曝干） 栀子仁（一斤），上二味，合捣为散，食前，以

---

❶ 揞：捂，覆涂。

浆水服方寸一匕,日三,良。(《千金翼》木兰皮五两,栀子仁六两）

又方:鸬鹚矢,末,以腊月猪膏和,涂之。《千金》同。

又方:真珠 胡粉 水银（等分),上三味,以猪膏研令相和,涂之,佳。

又方:马蔺子花,捣,封之,佳。

《集验》疗面上渣疱方:蒺藜子 栀子仁豉（各一升)。上三味,捣合如泥,以浆和如泥,临卧以涂面上,日未出便洗瘥。(《千金》有木兰皮一斤,《翼》云半斤）

又,木兰散方:木兰皮（一斤),上一味,以三年酢浆渍之,百日出,于日中曝之,捣末,服方寸匕,日三。

《古今录验》主疱方:雄黄 硝粉（末) 水银（并等分),上三味,以腊月猪脂和,以傅面疱上,瘥止。

又卒得面疱方:土瓜根 水银 胡粉 青羊脂（等分),上四味,为粉,和,傅面疱上,瘥止。

又方:胡粉（二两) 水银（二分),上二味,和猪脂研匀,以敷之。(《千金》同)

又,男女疱面生疮方:黄连（二两) 牡砺（三两,熬)。上二味,捣,筛,以粉疮上,频敷之,即瘥。

又疗面疱痒肿,白附子散方:白附子 青木香 由跋(各二两) 麝香（二分)。上四味,为散,以水和涂面。(《千金翼》有细辛二两)。

又疗面疱气甚如麻豆疮痛,搔之黄汁出,及面黑色黯不可去之,葵子散方:冬葵子 柏子 茯苓（等分),上三味,为散,以酒服方寸匕,日三,瘥。(《千金翼》有冬瓜子)。

（七）面粉滓方四首

《千金》疗面粉滓方:矾石（熬汁尽),上一味,以酒和,涂之,三数度佳。甚妙。

《备急》疗妇人面上粉滓赤膏方:光明砂（四分,研) 麝香（二分) 牛黄（半分) 水银（四分,以面脂和研) 雄黄（三分)。上五味,并精好药,捣,筛,研如粉,以面脂一升纳药中,和,搅令极稠。一如敷面脂法，以香浆水洗，敷药，避风，经宿粉滓落如蔓菁子状。此方秘不传。

又，主去粉滓奸䵟方：白蔹　白石脂　杏仁（各等分），上三味捣散，以鸡子白和，以井花水洗，敷之三五遍，即瘥。

又方：黄耆　白术　白蔹　蒌蕤（各十一分）　商陆　蜀水花　鹰屎白（各一两）　防风　芎䓖　白芷　细辛　白附子（炮）　杏仁（去皮尖）　青木香（各六分）。上十四味，捣为粉，以鸡子白和之，作挺子，曝干研之，以浆水和，涂，夜敷朝洗，瘥。（出第六卷中）

（八）化面方二首

《张文仲》疗化面方：真珠（研）　光明砂（研）　冬瓜仁（各二分）　水银（四分）。上四味，以四五重绢袋盛于铜铛中，以酢浆水微火煮一宿一日，始堪用。取水银和面脂，熟研使消，合珠、冬瓜子末更和调，以敷面，取瘥为度。

备急面上䵟䵟子化面，仍令光润皮急方：土瓜根，上一味捣末，以浆水和令调，入夜，以浆水洗面，涂药，旦洗却，即瘥。

（九）杂疗面方六首

《肘后》疗面生痦癗如麻子，中有粟核方：锻石以水渍之才淹，以米一把置上，令米释，陶取，一一置痦癗上，当渐拭之，软乃爪出粟，以膏药敷之，即瘥。

《千金》疗面上风方：玉屑（研）　密陀僧（研令如粉）　珊瑚（研，各二大两）　白附子（三两）。上四味，细研如粉，用酥和，夜涂面上，旦洗，瘥。（出第六卷中）

《千金翼》芎䓖汤，主面上及身体风瘙痒方：麻黄（十分，去节）　芎䓖　白术　吴茱萸　防风　枳实（炙）　羌活（各三两）　薯蓣（四两）　蒺藜子（六两）　乌喙（二两，炮）　甘草（二两，炙）　生姜（六分）。上十二味切，以水九升七合，煮取二升五合，去滓，分服，甚妙验。

汉唐女性化妆史研究

又,洗方:蓧藋根 蒴藋 景天叶（各一两） 蛇床子（五两）玉屑（二两）。上五味,以水一斗,煮取三升,稍稍洗之,慎风日,瘥止。

又急面皮方:大猪蹄（一具,治如食法）,上一味,以水二升,清浆水一升,煎成胶,以洗面,又和澡豆,涂面,以浆水洗,令面皮急矣。（出第五卷中）

苏澄去面皯及粉渣方:取三年大酢二升,渍鸡子五枚。七日鸡子当软如泥,去酢,泻著瓷器中,以胡粉两鸡子许,和研如膏,盖口蒸之于五斗米下熟,药成,封之,勿泄气。夜欲卧时,研涂面疱粉刺上,旦以浆水洗面,日别如此,百日瘥。勿见风,效。

（十）头风白屑方四首

《广济》疗头风白屑、痒,发落生发,主头肿旋闷,蔓荆子膏方:蔓荆子（一升） 生附子（三十枚） 羊踯躅花（四两） 葶苈子（四两） 零陵香（二两） 莲子草（一握）。上六味,切,以绵裹,用油二升渍七日。每梳头常用之,若发稀及秃处,即以铁精一两,以此膏油于瓷器中研之,摩秃处,其发即生也。

延年松叶膏,疗头风鼻塞,头旋发落,白屑风痒,并主之方:松叶（切,一升）天雄（去皮） 松脂 杏仁（去皮） 白芷（各四两） 莽草 甘松香 零陵香 甘菊花（各一两） 秦艽 独活辛夷仁 香附子 藿香（各二两） 乌头（去皮） 蜀椒汗 芎䓖沉香 青木香 牛膝（各三两） 踯躅花（一两半,并劙）。上二十一味㕮咀,以苦酒三升浸一宿,以生麻油一斗,微火煎三上三下,苦酒气尽,膏成。去滓,滤,盛贮,以涂发根,日三度,摩之。

又疗头痒,搔之白屑起方:大麻仁（三升,捣碎） 秦椒（二升）。上二味捣,纳泔汁中渍之一宿,明旦滤去滓,温以沐发讫。用后方:白芷一斤,鸡子三枚,芒硝一升,三味以水四升,煮取三升,去滓,停小冷,纳鸡子清及硝,搅令调,更温令热,分为三度泽头,觉头痒即作洗之,不过三度,永除。

又疗头风发落，或头痒、肿、白屑方：蔓荆子（一升，碎）防风（三两）寄生（三两）秦椒（一两）大麻仁（一升）白芷（四两）。上六味切，以水一斗五升，煮取一斗，去滓，以洗头，三四度，瘥。加芒硝一升，亦妙。

（十一）沐头去风方五首

《集验》疗头风方：甘菊花 独活 茵芋 防风 细辛 蜀椒 皂荚 桂心 杜蘅 莽草。上十味，分等，水煮，以沐头，必效。

又，主风头沐汤方：猪椒根（三两）麻黄根 茵芋 防风（各二两）细辛（一两）。上五味，切，以水二斗，煮取一斗，以沐头，甚妙。

又，主头风，搔之白屑起，鸡子沐汤方：新生乌鸡子三枚，上一味，以五升沸汤，扬之使温温，破鸡子纳中，搅令匀，分为三度沐，令发生，去白屑风痒。瘥。

必效沐发方：取生柏叶细锉一斗，煮取汤，沐发，妙。

又方：取杏仁、乌麻子二味捣，以水投滤取汁，并捣用，甚妙。

（十二）头风白屑兼生发方八首

《广济》疗头风、白屑、生发、白令黑方：浮木子（五升，未识，以九月九日以前采，临时捣末，去子）铁精（四两）零陵香（二两）丁香（二两）。上四味，细切，以绢袋盛，用生麻油二升渍，经二七日。洗头讫，每日涂之，方验。

《集验》疗头风、痒、白屑，风头，长发膏方：蔓荆子 附子（炮）细辛 石南草 续断 皂荚 泽兰 防风 杏仁（去皮）白芷 零陵香 藿香 马䰂膏 熊脂 猪脂（各二两）松叶（切，半升）莽草（一两）。上十七味，咬咀，以苦酒渍一宿，明旦以脂膏等煎，微微火三上三下，以白芷色黄膏成。用以涂头中，甚妙。

又疗头风痒白屑，生发膏方：乌喙 莽草 石南草 细辛 皂荚 续断 泽兰 白术 辛夷 白芷 防风（各二两）柏叶（切，二升）松叶（切，二升）猪脂（四升）。上十四味，以苦

酒浸一宿，以脂煎三上三下，膏成。去滓，滤收，沐发了，以涂之，妙。（《千金》同）

崔氏松脂膏，疗头风，鼻塞头旋，发落复生，长发去白屑方：松脂 白芷（各四两） 天雄 莽草 踯躅花（各一两） 秦艽 独活 乌头 辛夷仁 甘松香 零陵香 香附子 藿香 甘菊花（各二两） 蜀椒 芎䓖 沉香 牛膝 青木香（各三两），松叶（切，一升） 杏人（四两，去皮，碎）。上二十一味切，以苦酒二升半，渍一宿，用生麻油九升，微火煎，令酒气尽，去滓，以摩顶上发根下，一摩之。每摩时，初夜卧，摩时不用当风，昼日依常检校，东西不废，以瘥为度。

又莲子草膏，疗头风白屑长发令黑方：莲子草（汁，二升） 松叶 青桐白皮（各四两） 枣根白皮（三两） 防风 芎䓖 白芷 辛夷人 藁本 沉香 秦艽 商陆根 犀角屑 青竹皮 细辛 杜若 蔓荆子（各二两） 零陵香 甘松香 白术 天雄 柏白皮 枫香（各一两） 生地黄（汁，五升） 生麻油（四升，猪鬃油一升） 马鬐膏（一升） 熊脂（二升） 蔓菁子油（一升）。上三十味细切，以莲子草汁并生地黄汁浸药再宿。如无莲子草汁，加地黄汁五小升浸药。于微火上纳油脂等和，煎九上九下，以白芷色黄膏成，布绞去滓。欲涂头，先以好泔沐发，后以敷头发，摩至肌。又洗发，取枣根白皮锉一升，以水三升，煮取一升，去滓，以沐头发，涂膏，验。（出第二卷中）

《延年》疗头风白屑风痒，长发膏方：蔓荆子 附子（去皮） 泽兰 防风 杏仁（去皮） 零陵香 藿香 芎䓖 天雄 辛夷（各二两） 沉香（二两） 松脂 白芷（各三两） 马鬐膏 松叶（切） 熊脂（各一两） 生麻油（四升）。上十七味，以苦酒渍一宿，以脂等煎，缓火三上三下，白芷色黄膏成，去滓，滤收贮，涂发及肌中摩之，日三两度，瘥。

又疗热风冲发发落，生发膏方：松叶（切） 莲子草（切）炼成马鬐膏 枣根皮（切，各一升） 韭根（切） 蔓荆子（碎，各三合）竹沥 猪脂（各二升） 防风 白芷（各二两） 辛夷仁

吴蓝　升麻　芎䓖　独活　寄生　藿香,沉香　零陵香（各一两）。
上十九味，以枣根煮汁，竹沥等浸一宿，以脂等煎之，候白芷色
黄膏成，以涂头发及顶上，日三五度，妙。

《古今录验》生发、及疗头风、痒、白屑膏方：乌喙　莽草
细辛　续断　石南草　辛夷仁　皂荚　泽兰　白术　防风　白芷
（各二两）　柏叶　竹叶（切，各一升）　猪脂（五升）　生麻油
（七升）。上十五味，以苦酒渍一宿，以油脂煎，候白芷色黄膏成，
滤掁收，以涂头发。先沐洗，后用之。妙。

（十三）生发膏方一十一首

《广济》生发方：莲子草（汁，一大升）　熊白脂（一大合）
猪鬐膏（一合）　生麻油（一合）　柏白皮（切，三合）　山韭根（切，
三合）　瓦衣（切，三合）。上七味，以铜器煎之，候膏成，去滓，
收贮。每欲梳头，涂膏，令头肌中发生又黑。

又生发膏方：细辛　防风　续断　芎䓖　皂荚　柏叶　辛夷
仁（各一两八铢）　寄生（二两九铢）　泽兰　零陵香（各二两
十六铢）蔓荆子（四两）　桑根汁（一升）　韭根汁（三合三勺）
竹叶（切,六合）　松叶（切,六升）　乌麻油（四大升）　白芷（六
两十六铢）。上十七味，以苦酒、韭根汁渍一宿，以绵裹煎，微
火三上三下，白芷色黄，去滓，滤，以器盛之，用涂摩头发，日
三两度。

《深师》疗头风、乌喙膏：生发、令速长而黑、光润方：乌
喙　莽草　石南草　续断　皂荚（去皮子，熬）　泽兰　白术（各
二两）　辛夷仁（一两）　柏叶（切，半升）　猪脂（三升）。上十
味，以苦酒渍一宿，以脂煎，于东向灶釜中以苇薪煎之。先致三
堆土，每三沸即下致一堆土，候沸定，却上，至三沸又置土堆上，
三毕成膏讫，去滓，置铜器中。数北向屋溜从西端至第七溜下埋之，
三十日药成。小儿当刮头，日三涂。大人数沐，沐已涂之，甚效。

《千金》疗脉极虚寒、发堕落、安发润方：桑根白皮（切，一升），
上一味，淹渍，煮五六沸，去滓。以洗沐发，数数为之，不复落也。

又方：麻子（三升，碎）　白桐叶（切，一把）。上二味，以泔汁二升煮，取八九沸，去滓，洗沐头，发不落而长也。（《翼》同）

又生发膏方：胡麻油（一升）　雁脂（一合）　丁子香　甘松香（各一两半）　吴藿香　细辛　椒（各二两）　泽兰　白芷　牡荆子　苜蓿香　大麻子（各一两）　芎䓖　防风　莽草　杏仁（各三两，去皮）。上十七味切，以酢渍一宿，煎之，以微火三上三下，白芷色黄膏成，去滓，以涂发及顶，尤妙。（出第十三卷中）

《千金翼》生发膏：令发速长黑，敷药时特忌风方：乌喙　莽草　续断　皂荚（去皮子）　泽兰　竹叶　细辛　白术（各二两）　辛夷　防风（各一两）　柏叶（切，四两）　杏仁（别捣）　松叶（各三两）　猪脂（三升）。上十四味，先以米酢渍一宿，以脂煎三下三上，膏成，去滓，涂发及顶上。

又，长发方：蔓荆子（三升）　大附子（二枚），上二味，以酒一斗二升渍之，以瓷器盛之。封头二十日，取鸡脂煎，以涂之，泽以汁栉发，十日长一尺。勿近面涂，验。

又，生发、附子松脂膏方：附子　松脂（各二两）　蔓荆子（四两，捣，筛）。上三味，以乌鸡脂和，瓷器盛，密缚头，于屋北阴干，百日药成。马鬐膏和，以敷头如泽。勿近面，验。

又，生发、墙衣散方：墙衣（五合，曝干，捣末）　铁精（一合）　合欢木灰（二合）　水萍末（三合）。上四味捣，研末，以生油和少许如膏，以涂发不生处，日夜再，即生发。效。（并出第五卷中）

近效生发方：蔓荆子　青葙子　莲子草（各一分）　附子（一枚）　碎头发灰（二匕）。上五味，以酒渍，纳瓷器中，封闭经二七日，药成。以乌鸡脂和，涂之，先以泔洗，后敷之，数日生长一尺也。

（十四）生眉毛方二首

《千金》生眉毛方：炉上青衣　铁生衣（分等），上二味，末之，以水和涂之，即生。甚妙。

又方：七月乌麻花阴干，末，生乌麻油，二味和，涂眉即生。妙。

（十五）令发黑方八首

《深师》疗生发黑不白，泽兰膏方：细辛　续断　皂荚　石南草泽兰　厚朴　乌头　莽草　白术（各二两）　蜀椒（二升）杏仁（半升，去皮）。上十一味，切，以酒渍一宿，以炼成猪脂四斤，铜器中向东炊灶中煎三上三下，膏成，绞去滓。拔白者，以辰日涂药，皆出黑发，十日效。

又生长发令黑，有黄白者皆黑，魏文帝用效，秘之方：黄耆当归　独活　芎䓖　白芷　芍药　莽草　防风　辛夷仁　干地黄藁本　蛇衔（各一两）　薤白（切，半升）　乌麻油（四升半）马鬐膏（二升）。上十五味切，以微火煎三上三下，白芷黄膏成，去滓，洗发讫，后涂之。

《千金》令白发还黑方：陇西白芷（一升）　旋复花　秦椒（各一升）　桂（一尺）。上四味，下筛，以井华水服方寸匕，日三，无三十日白发还黑。禁房室。

又方：乌麻九蒸九曝，捣末，以枣膏和丸，久服之。（翼同）

又方：取黑椹水渍之，频沐发即黑，效，可涂敷之。

又方：取生麻油浸乌梅涂发，良。

又方：以盐汤洗沐，以生麻油和蒲苇灰敷之，常用效。（出第十三卷中）

《千金翼》瓜子散，主头发早白，又主虚劳、脑髓空竭、胃气不和、诸脏虚绝、血气不足，故令人发早白，少而生箅发❶，及忧愁早白，远视䀮䀮，得风泪出，手足烦热，恍惚忘误，连年下痢，服之一年后大验方：瓜子（一升）　白芷　松子（去皮）　当归芎䓖　甘草（炙，各二两）。上六味，捣散，食后服方寸匕，日三，酒浆汤饮任性服之。忌如常法。（出第五卷中）

❶　箅发，即斑白的头发。

第八章　古代美容方药的发展

（十六）拔白发良日并方三首

千金翼白发令黑方：八角附子（一枚） 大酢（半升）。上二味，于铜器中煎两沸，纳好矾石大如棋子许一枚，消尽，内香脂三两，和，令相得，搅至凝，内竹筒内。拔白发，以膏涂拔根，即生黑发也。（出第五卷中）

《备急》拔白毛令黑毛生方：拔去白毛，以好白蜜敷拔处，即生黑毛。眉中无毛，以针挑伤，敷蜜，亦生眉毛。比见诸人以石子研丁香汁，拔白毛讫，急手以敷孔中，即生黑毛。此法神验。

《延年》拔白发良日：正月四日，二月八日，三月十二十三日，两日并得，四月十六日，五月二十日，六月二十四日，七月二十八日，八月十九日，九月十五日，十月十日，十一月十日，十二月十日。上并以日正午时拔，当日不得饮酒、食肉、五辛。经一拔已后黑者更不变。《千金》同。

（十七）变白发染发方三首

范汪、王子乔服菊增年变白方：菊以三月上寅日采，名曰玉英；六月上寅日采，名曰容成；九月上寅日采，名曰金精；十二月上寅日采，名曰长生者，根茎也。阴干百日，取等分，以成日合捣千杵，下筛，和以蜜，丸如梧桐子。日三服七九，百日身体润，一年白发变黑，二年齿落复生，三年八十者变童儿。

又，染发方：胡粉（一分） 白灰（一分）。上二味，以鸡子白和，先以泔浆洗，令净，后涂之，即急以油帛裹之一宿，以澡豆洗却，黑软不绝，甚妙。

《必效》染白发方：拣细粒乌豆（四升），上一味，以醋浆水四斗煮，取四升，去却豆，以好灰汁净洗发，待干，以豆汁热涂之，以油帛裹之，经宿开之，待干，即以熊脂涂揩，还以油帛裹，即黑如漆，一涂三年不变。妙验。

又方：捣木槿叶，以热汤和汁洗之，亦佳。

《近效》换白发及髭方：（严中书处得，云验）熊脂（二大两，

腊月者佳） 白马脂（一两，细切，熬之，以绵滤绞汁） 婆罗勒
（十颗，其状似芙齐子，去皮取汁，但以指甲掐之即有汁） 生姜
（一两，亦铛中熬之） 母丁香（半大两）。上五味，二味捣为末，
其脂炼滤之，以药末相和令匀，取一小槐枝，左搅数千遍，少倾
即凝或似膏，即拔白发，以辰日良。以槐枝点药，拔一条，即以
药令入发根孔中，以措头熟揩之令药入。十余日便黑生，此方妙。

（十八）发黄方三首

《肘后》发黄方：腊月猪脂膏和羊矢灰、蒲灰等分，敷，黑也。
（《千金翼》同）

《千金》发黄方：大豆（五升） 醋浆水（二斗）。上二味，
煮取五升汁，淋之，频为之，黑。（翼同）

《千金翼》疗发黄方：熊脂涂发梳之，散头入床底，伏地一
食顷即出，便尽黑，不过一升脂，验。

（十九）头发秃落方一十九首

《深师》疗发白芨秃落，茯苓术散方：白术（一斤） 茯苓
泽泻 猪苓（各四两） 桂心（半斤）。上五味，捣散，服一刀圭，
日三，食后服之。三十日发黑。

又，疗秃头方：芜菁子，末，和酢敷之，日一两度。（《千金》同）

又方：麻子（二升，熬焦，末），上一味，以猪脂和，涂之，
发生为度。（《千金》同）

又方：东行枣根（长三尺，以中央），上一味，以甑中心蒸之，
以器承两边汁，以敷头即生发，良。（《千金》同《肘后》作桑根）

又方：麻子（三升），上一味捣末，研，纳泔中一宿，去滓，
以沐，发便生。

又方：取烂熟黑椹（二升），上一味，于瓷瓶中三七日，化为水，
以涂洗之，发生。妙。（《千金》同）

又疗发秃落，生发膏方：马鬐膏 驴鬐膏 猪脂 熊脂 狗
脂（炼成，各半合） 升麻 防风 莽莒（各二两） 蜣螂（四枚）

莽草　白芷（各一两）。上十一味，以脂煎诸药三上三下，膏成，去滓收，以涂之。（千金并翼同）

又，主发落生发方：大黄（六分）　蔓荆子（一升）　白芷　防风　附子　芎䓖　莽草　辛夷　细辛　椒　当归　黄芩（各一两）　马䰐膏（五合）　猪膏（三升）。上十四味煎之，以白芷色黄。先洗后敷之，验。

又，主风头毛发落不生方：取铁上生衣，研，以腊月猪脂涂之，并主眉毛落，悉生。（《千金》云合煎三沸）

又，长发方：麻子一升，熬令黑，押取油，以敷头，长发。鹰脂尤妙。（《千金》同）

又方：多取乌麻花，瓷瓮盛，密盖封之，深埋之。百日出，以涂发，易长而黑，妙。

《千金》疗发落不生方：取羊粪灰淋汁洗之，三日一洗，不过十洗，大生。（翼同）：

《千金翼》疗发落方：柏叶（一升）　附子（二两）。上二味捣，以猪脂和，作三十九。每洗头时，即纳一丸于泔中洗，发即不落。其药以布裹，密器贮，勿令漏泄之。

又，疗发落不生方：取锻石三升，水拌并令湿，炒令极热，以绢袋盛之，取好酒三升渍之，密封。冬二七日，春秋七日，取酒温服一合，常令酒气相接，七日落止。百日服，终身不落，新发旋生。

又方：取桑根白皮（一石），水一石煮五沸，以沐头三遍，即落止。（并出第五卷中）

《必效》疗头　切风，发秃落更不生，主头中二十种病，头眩，面中风，以膏摩之方：蔄茹（三两半，去皮）　细辛　附子（各二两）桂心（半两）。上四味捣，筛，以猪膏勿令中水，去上膜及赤脉，二十两，捣，令脂销尽药成。捣讫仍研，恐其中有脂膜不尽，以生布绞掠取，以密器贮之。先用桑柴灰汁洗发令净，方云桑灰两日洗，待干，以药摩，须令入肉，每日须摩。如非十二月合，则用生乌麻油和，极效。

《近效》韦慈氏疗头风发落并眼暗方：蔓荆实（三两，研）桑上寄生　桑根白皮（各二两）　韭根（切，三合）　白芷（二两）甘松香　零陵香（各一两）　马鬐膏（三合）　乌麻油（一升）甘枣根白皮汁（三升）　松叶（切，二合，五粒者）。上十一味，细切诸药，纳枣根汁中浸一宿，数数搅令调，湿匝以后，旦纳油脂中，缓火煎之，勿令火热，三五日候枣汁竭，白芷色黄，膏成。去滓，每日揩摩鬓发及梳洗。其药浸经宿，临时以绵宽裹煎之，膏成，去滓绵滤，以新瓷瓶盛，稠浊者即先用却，不堪久停，特勿近手，糜坏也。

又，宜服防风蔓荆子丸方：防风　黄连　干地黄（各十六分）蔓荆子（二十分）　甘皮（六分）　蒌蕤（十分）　甘草（八分，炙）茯神（十二分）　大黄（八分，锦文者）。上九味，捣，筛，蜜和丸如桐子。饮下二十九，稍稍加之，以大肠畅为度。尽更合服，除眼中黑花，令眼目明，以瘥为度。

刘尚书疗头中二十种风，发秃落摩之。即此疗顶如剥似铜盆者，若小发落不足为难方：蜀椒（三两半）　莽草（二两）　干姜半夏　桂心　菵茹　附子　细辛（各一两，并生用）。上八味细捣筛，以生猪脂剥去筋膜，秤取二十两，和前件药合捣，令消尽脂，其药成矣。先以白米泔沐发，令极净。每夜摩之，经四五日，即毛孔渐渐日生软、细、白皮毛；十五日后，渐渐变作黑发；至一月、四十日，待发生五寸以上，任止。若至五日不停，弥佳。好酥及生油和药，亦得。

（二十）白秃方一十二首

《集验》疗白秃方：以羊肉如作脯，炙令香，及热以搨上，不过三五度即瘥。（千金同）

又方：以大豆、骷髅骨二味，各烧末，等分，以腊月猪脂和，如泥，涂之，立瘥。《千金》松沥煎，疗头疮及白秃方：松沥（七合）丹砂（研，二两）　雄黄（研，取精，二两）　水银（研）　黄连（各一两）　矾石（一两，烧。本方无矾石，有硝粉一两，烧）。上六味，捣散，纳沥中，搅令调，以涂之。先以泔洗发令净，及疮令无痂后，敷药，日三，后当作脓，脓讫，更洗，涂药，如此三度作脓讫，以甘草汤去药毒，可十度许洗，即瘥。

又疗白秃，发落生白痂，终年不瘥方：五味子（三分） 苁蓉（二分） 松脂（二分） 蛇床子（一分） 远志（三分） 菟丝子（五分） 雄黄（研） 雌黄（研，各一分） 白蜜（一分） 鸡屎白（半分）。上十味，捣，筛，以猪膏一升合煎，先入雄黄、雌黄，次鸡屎白，次蜜，次松脂，次入诸药末，并先各各别末之，候膏成，先以桑柴灰洗头后敷之。

又，疗白秃方：煮桃皮汁饮，并洗头讫，以面、豉二味和以敷之，妙。

又方：炒大豆令焦黑，捣末，和腊月猪脂，热暖之，以涂敷上，可裹，勿令见风日。（并出第六卷中）

《千金翼》王不留行汤，主白秃及头面久疮、去虫止痛方：王不留行 东引桃皮（各五两） 蛇床子（三升） 东引茱萸根（五两） 苦竹叶（三升） 牡荆实 蒺藜子（各三升） 大麻子仁（一升）。上八味，以水二斗，煮取一斗，洗疮，日再。并疗痈疽、妒乳、月蚀疮烂。（《千金》同）

又方：以桃花末，和猪脂敷上，瘥为度。

又，松脂膏，主白秃及痈疽、百种疮悉治方：杜蘅 雄黄（研） 木兰皮 矾石（烧，研） 附子 大黄 石南 秦艽 真珠 苦参 水银（各一两） 松脂（六两）。上十二味，细切诸药，以酢渍一宿，猪脂一斤半煎之，以附子色黄去滓，乃纳矾石、雄黄、水银，更煎三两沸，待凝，以敷之。（并出第五卷中，千金同）

《必效》主秃疮方：以童子小便暖用洗之，揩令血出，取白鸽粪五合，熬末，和酽醋令调，涂之即瘥。

又，主秃方：取三月三日桃花开口者，阴干，与桑椹等分，捣末，以猪脂和，以灰汁洗，后涂药，瘥。

又方：柳细枝（一握，取皮） 水银（大如小豆） 皂荚（一挺，碎）。上三味，以醋煎如饧，以涂之。

（二十一）赤秃方三首

《千金》疗赤秃方：捣黑椹三升如泥，先灰汁洗，后以涂之，又服之，甚妙。

又方：烧牛、羊角灰，和猪脂，敷之。

又方：马蹄灰和腊月猪脂，涂之。

（二十二）令发不生方三首

《千金》令毛发不生方：蚌灰以鳖脂和，拔却毛发，即涂，永不生。

又方：取狗乳涂之。

又方：拔毛发，以蟹脂涂之，永不复生。

（二十三）鬼舐头方二首

千金疗鬼舐头方：烧猫矢灰，以腊月猪脂和，傅之。

又方：取赤砖末，以蒜捣，和，傅之。

（二十四）澡豆方八首

《广济》疗澡豆洗面，去肝䵟风痒，令光色悦泽方：白术白芷白芨　白敛　茯苓　藁本　萎蕤　薯蓣　土瓜根　天门冬百部根　辛夷仁　栝楼　藿香　零陵香　鸡舌香（各三两）　香附子阿胶（各四两，炒）　白面（三斤）　楝子（三百枚）　澡豆（五升）　皂荚（十挺，去皮子）。上二十二味，捣，筛，以洗面，令人光泽。若妇人每夜以水和浆涂面，至明，温浆水洗之，甚去面上诸疾。

《千金》疗澡豆方：丁香　沉香　桃花　青木香　木瓜花钟乳粉（各三两）　麝香（半两）　梾花　樱桃花　白蜀葵花　白莲花红莲花（各四两）　李花　梨花　旋复花（各六两）　玉屑真珠（各二两）　蜀水花（一两）。上十八味捣末，乳等并研，以绢下之，合和大豆末七合，研之千遍，密贮勿泄。常以洗手面后作妆，百日面如玉，光润悦泽，去臭气粉滓，咽喉臂膊皆用洗之，悉得如意。

又，澡豆方：猪胰（一具，去脂）　豆末（四升）　细辛　土瓜根　白术　藁本　防风　白芷　茯苓　商陆根　白附子　杏仁　桃仁（各四两，去尖皮）　栝蒌（三枚）　皂荚（五挺，炙，去皮子）　冬瓜仁（半升）　鹰屎（半合）　菟丝子（一合，捣末）。上十八味，捣末，以面一斗、用浆水和猪胰，研令烂，和诸药及面作饼子，曝干，捣，绢筛，收贮。勿令遇风，洗手面极妙。

又澡豆令人洗面光润方：白藓皮　鹰屎白　白芷　青木香　甘松香　白术　桂心　麝香　白檀香　丁子香（各三两）　冬瓜子（五合）　白梅（三七枚）　鸡子白（七枚）　猪胰（三具）　面（五升）。上十七味，以猪胰和面，曝令干，然后诸药捣散，和白豆末三升，以洗手面，十日如雪，三十日如凝脂，妙无比。

崔氏澡豆悦面色如桃花、光润如玉、急面皮，去䵟𪒓粉刺方：白芷（七两）　芎䓖（五两）　皂荚末（四两）　萎蕤　白术（各五两）　蔓荆子（二合）　冬瓜仁（五两）　栀子仁（三合）　栝楼仁（三合）　荜豆（三升）　猪脑（一合）　桃仁（一升，去皮）　鹰屎（三枚）　商陆（三两，细锉）。上十四味，诸药捣末，其冬瓜仁、桃仁、栀子仁、栝楼仁别捣如泥，其猪脑、鹰屎合捣令相得，然后下诸药，更捣令调，以冬瓜瓤汁和为丸。每洗面，用浆水，以此丸当澡豆用讫，傅面脂如常妆饰，朝夕用之，亦不避风日。

《备急》荜豆香澡豆方：荜豆（一升）　白附子　芎䓖　芍药　白术　栝楼　商陆根　桃仁（去皮）　冬瓜仁（各二两）。上九味，捣末，以洗面如常法，此方甚妙。

《延年》澡豆洗手面药豆屑方：白茯苓　土瓜根　商陆根　萎蕤白术　芎䓖　白芷　栝楼　藁本　桃仁（各六两，去皮）　皂荚（五挺，去皮子）　豆屑（二升）　猪胰（三具，曝干）　猪蹄（四具，治如食法，烂煮取汁）　面（一斗）。上十五味，取猪蹄汁拌诸药等，曝干，捣散，以作澡豆洗手面，妙。

苏澄药澡豆方：白芷　芎䓖　栝楼子（各五两）　青木香　鸡舌香（各三两）　皂荚（十两，去皮子，炙）　荜豆　赤小豆（各二升）。上八味，捣末，和散，任用洗手面，去皯疱，妙。

（二十五）手膏方三首

《千金翼》手膏方：桃仁　杏仁（各二两，去皮）　橘仁（一合）
赤䕔（十枚）　辛夷仁　芎䓖　当归（各一两）　大枣（二十枚）
牛脑　羊脑　白狗脑（各二两，无白狗，各狗亦得）。上十一味，捣，
先以酒渍脑，又别以酒六升煮赤䕔以上药令沸，待冷乃和诸脑等
匀，然后碎辛夷等三味，以绵裹之，枣去皮核，合纳酒中，以瓷
器贮之。五日以后，先洗手讫，取涂手，甚光润，而忌火炙手。

《备急》作手脂法：猪胰（一具）　白芷　桃仁（去皮）　细
辛（各一两）　辛夷　冬瓜仁　黄瓜蒌仁（各二两，末）　酒（二
升）。上八味，煮白芷沸，去滓，膏成。以涂手面，光润，妙。

《古今录验》手膏方：白芷（四两）　芎䓖　藁本　蔏蒌　冬
瓜仁　楝仁（各三两）　桃仁（一升，去皮）　枣肉（二十枚）
猪胰（四具）　冬瓜瓤汁（一升）　橘肉（十枚）　栝楼子（十枚）。
上十二味，以水六升煮取二升，酒三升，按猪胰取汁，桃仁研入，
以洗手面。

（二十六）口脂方三首

《千金翼》口脂方：熟朱（二两）　紫草末（五两）　丁香（二
两）　麝香（一两）。上四味，以甲煎和为膏，盛于匣内，即是甲
煎口脂；如无甲煎，即名唇脂，非口脂也。

《备急》作唇脂法：蜡（二分）　羊脂（二分）　甲煎（一合，
须别作，自有方）　紫草（半分）　朱砂（二分）。上五味，于铜
锅中微火煎蜡一沸，下羊脂一沸，又下甲煎一沸，又纳紫草一沸，
次朱砂一沸，泻著筒内，候凝，任用之。

《古今录验》合口脂法：好熟朱砂（三两）　紫草（五两）
丁香末（二两）　麝香末（一两）　口脂（五十挺，武德六年十月，
内供奉尚药直长蒋合进）　沉香（三升）　五药　上苏合（四两
半）　麝香（二两）　甲香（五两）　白胶香（七两）　雀头香（三
两）　丁香（一两）　蜜（一升）。上十四味，并大秤大两，粗捣

碎，以蜜总和，分为两分，一分纳瓷器瓶内，其瓶受大四升，纳讫，以薄绵幕口，以竹篾交络蔽瓶口。藿香（二两）　苜蓿香（一两）　零陵香（四两）　茅香（一两）　甘松香（一两半）。上五味，以水一升、酒一升渍一宿，于胡麻油一斗二升纳煎之为泽，去滓，均分著二坩，各受一斗，掘地著坩，令坩口与地平，土塞坩四畔令实，即以上甲煎瓶器覆，中间一尺，以糠火烧之，常令著火，糠作火即散，著糠三日三夜，烧十石糠即好，冷出之，绵滤，即成甲煎。蜡七斤，上朱砂一斤五两，研令精细，紫草十一两，于蜡内煎紫草令色好，绵滤出，停冷，先于灰火上消蜡，纳甲煎，及搅看色好，以甲煎调，硬即加煎，软即加蜡，取点刀子刃上看硬软，著紫草于铜铛内消之，取竹筒合面，纸裹绳缠，以熔脂注满，停，冷即成口脂。模法，取干竹径头一寸半，一尺二寸锯截下两头，并不得节坚头，三分破之，去中分，前两相者合令蜜，先以冷甲煎涂摸中，合之，以四重纸裹筒底，又以纸裹筒，令缝上不得漏，以绳子牢缠，消口脂，泻中令满停，冷解开，就模出四分，以竹刀子约筒截割令齐整。所以约筒者，筒口齐故也。（前有麝香末一两，后有麝二两，未详。）

（二十七）烧甲煎法六首

《千金翼》甲煎法：甲香（三两）　沉香（六两）　丁香　藿香（各四两）　熏陆香　枫香膏　麝香（各二两）　大枣（十枚，取肉）。上八味哎咀如豆片，又以蜜二合和搅，纳瓷坩中，以绵裹口，将竹篾交络蔽之。又油六升，零陵香四两、甘松二两，绵裹，纳油中，铜铛缓火煎四五沸止，去滓，更纳酒一升半，并纳煎坩中，亦以竹篾蔽之。然后剜地为坑，置坩于上，使出半腹，乃将前小香坩合此口上，以湿纸缠两口，仍以泥涂上，使厚一寸讫，灶下暖坩，火起，从旦至暮，暖至四更止，明发待冷，看上坩香汁半流沥入下坩内，成矣。

崔氏烧甲煎香泽合口脂方：兰泽香（半斤）　零陵香（一斤）甘松香（五两）　吴藿香（六两）　新压乌麻油（一升）。上五味，并大斤两，拣择精细，暖水净洗，以酒水渍，使调匀，经一日一夜，并著铜铛中，缓火煮之经一宿，通前满两日两宿，唯须缓火煎讫，漉去香滓，澄取清，以绵滤总讫，纳著瓷坩中，勿令香气泄出，封闭，使如法。沉香（一斤）丁香　甲香（各一两）麝香　薰陆香　艾纳（各半小两）　白胶香　苏合香（各一两）。上八味，并大斤两，令别捣如麻子大，先炼白蜜，去上沫尽，即取沉香等于漆盘中和之，使调匀。若香干，取前件香泽和，使匀散，纳著瓷器中使实，看瓶大小，取香多少，别以绵裹，以塞瓶口，缓急量之，仍用青竹篾三条栈之，即覆瓶口于前件所烧香泽瓶口上，仍口上下相合然后穿地埋著香泽瓶，口共地平，覆合香瓷瓶令露，乃以湿纸缠瓶口相合处，然后以麻捣，泥瓶口边，厚三寸，盛香瓶上亦令遍厚一寸，以炭火绕瓶四边缓炙，使薄干，然后始用糠火，马粪火亦佳，烧经三宿四日，勿得断火，看之必使调匀。不得有多少之处，香汁即下不匀。三宿四日烧讫，即住火，其香泽火伤多即焦，令带少生气，佳，仍停经两日，使香饼冷讫，然始开，其上瓶总除却，更取别瓶，纳一分香于瓶中烧之，一依前法。若无别瓶，还取旧瓶亦得，其三分者香并烧讫，未得即开，仍经三日三夜，停除火讫，又经两日，其甲煎成讫，澄清斟量取依色铸泻，其沉香少即少著香泽，只一遍烧上香瓶，亦得好味五升。铜铛一口，铜钵一口，黄蜡一大斤，上件蜡置于铛中，缓火煎之，使沫销尽，然后倾钵中，停经少时，使蜡冷凝，还取其蜡，依前销之，即择紫草一大斤，用长竹著挟取一握，置于蜡中煎，取紫色，然后擢出，更著一握紫草，以此为度，煎紫草尽一斤，蜡色即足。若作紫口脂，不加余色；若造肉色口脂，著黄蜡、紫蜡各少许；若朱色口脂，凡一两蜡色中，和两大豆许朱砂即得。但铸前件三色口脂法，一两色蜡中，著半合甲煎相和，著头点置竹上看，坚柔得所，泻著竹筒中，斟酌凝冷即解看之。

又煎甲煎，先须造香油方。零陵香　藿香（各一两，并剉之，以酒拌微湿用，绵裹，纳乌麻、生油二升，缓火一宿，绞去滓，将油安三升瓶中，掘地作坑，埋瓶于中，瓶口向地面平）沉香

（一斤） 小甲香（八两） 麝香（三两） 苏合香（一两）。上六味，
并捣如大豆粒，以蜜拌，纳一小角瓶中，用竹篾封其口，勿令香
漏，将此角瓶倒捶土中瓶口内，以纸泥泥两瓶接口处，不令土入，
用泥泥香瓶上，厚六七分，用糠火一石烧上瓶，其火微微不得烈，
使糠尽，煎乃成矣。（并出第九卷中）

《古今录验》甲煎方：沉香 甲香（各五两） 檀香（半两）
麝香（一分） 香附子 甘松香 苏合香 白胶香（各二两）。
上八味，捣碎，以蜜和，纳小瓷瓶中令满，绵幕口，以竹篾十字
络之。又生麻油二升，零陵香一分半，藿香二分，茅香二分，上
相和，水一升，渍香一宿，著油内，微火上煎之，半日许，泽成，
去滓，别一瓷瓶中盛，将小香瓶覆著口，入下瓶口中，以麻泥封，
并泥瓶厚五分，埋土中，口与地平，泥上瓶讫，以糠火微微半日
许著瓶上放火烧之，欲尽糠，勿令绝，三日三夜煎成，停二日许
得冷，取泽用之。云停二十日转好，云烧不熟即不香，须熟烧，
此方妙。

又方：蜡蜜（各十两） 紫草（一两半），上三味，和蜡煎令
调，紫草和朱砂并泽泻筒中。

蔡尼甲煎方：沉香（六两） 丁香 篾香（四两） 枫香 青
木香（各二两） 麝香（一具） 大枣（十枚） 肉甲香（三两）。
上八味锉，以蜜一合和拌，著坩内，绵裹，竹篾络之。油六升，
零陵香四两，甘松香二两，绵裹，著油中煎之，缓火可四五沸，
即止，去香草，著坩中，埋，出口，将小香坩合大坩，湿纸缠口，
泥封可七分，须多著火，从旦至午即须缓火，至四更即去火，至
明待冷发看，成甲煎矣。

（二十八）造胭脂法一首

崔氏造胭脂法：准紫铆（一斤，别捣） 白皮（八钱，别捣碎）
胡桐泪（半两） 波斯白石蜜（两）。上四味，于铜铁铛器中著水
八升，急火煮水令鱼眼沸，纳紫铆，又沸，纳白皮讫，搅令调；
又沸，纳胡桐泪及石蜜，总经十余沸，紫铆并沉向下，即熟，以

生绢滤之，渐渐浸叠絮上，好净绵亦得。其番饼小大随情，每浸讫，以竹夹如干脯猎于炭火上炙之燥，复更浸，浸经六七遍即成，若得十遍以上，益浓美好。（出第九卷中）

（二十九）造水银霜法二首

《千金翼》飞水银霜法：水银（一斤）　朴硝（八两）　大醋（半升）　黄矾（十两）　锡（二十两，成炼三遍者）　玄精（六两）盐花（三斤）。上七味，先炼锡讫，又温水银令热，乃投锡中，又捣玄精、黄矾令细，以绢下之，又捣锡令碎，以盐花并玄精等合和，以醋拌令湿，以盐花一斤藉底，乃布药令平，以朴硝盖上讫，以盆盖合，以盐灰为泥，泥缝际，干之，微火三日，武火四日，凡七日，去火一日开之。扫取极须勤，心守勿使须臾间解慢，则大失矣。（出第五卷中）

崔氏造水银霜法：水银　石硫黄　伏龙肝（各十两，细研）盐花（一两，盐末是也）。上四味，以水银别铛热，石硫黄碎如豆，并别铛熬之，良久水银当热，石硫黄硝成水，即并于一铛中和之。宜急倾并，并不急，即两物不相入。并讫，下火急搅，不得停手，若停手，即水银别在一边，石硫黄如灰死，亦别在一处。搅之良久，硫黄成灰，不见水银，即与伏龙肝和搅令调，并和盐末搅之令相得。别取盐末罗于铛中，令遍底厚一分许，乃罗硫黄、伏龙肝、盐末等于铛中，如覆蒸饼，勿令全遍底，罗讫，乃更别罗盐末覆之，亦厚一分许，即以盆覆铛，以灰盐和土作泥，涂其缝，勿令干裂，裂即涂之，唯令勿泄炭火气，飞之一复时，开之。用火先缓后急，开讫，以老鸡羽扫取，皆在盆上，凡一转后，即分旧土为四分，以一分和成霜，研之令调，又加二两盐末，准前法飞之讫，弃其土，又以余一分土和，飞之。四分凡得四转，及初飞与五转，每一转则弃其土，五转而土尽矣。若须多转，更用新土，依前法飞之，七转而可用之。（出第九卷中）

（三十）鹿角桃花粉方二首

崔氏鹿角粉方：取角三四寸截之，乃向炊灶底烧一遍，去中心虚恶者，并除黑皮讫，捣作末，以绢筛，下水和，帛练四五重，置角末于中，绞作团，大小任意，于炭火中熟烧，即将出火令冷，又碎作末，还以水和，更以帛练四五重绞作团。如此四五遍，烧捣碎者用水和，以后更三遍用牛乳和，烧捣一依前法，更捣碎，于瓷器中用玉锤研作末，将和桃花粉，佳。

又，桃花粉方：光明砂　雄黄　熏黄（并研末）　真珠末　鹰粪　珊瑚　云母粉　麝香（用当门子）　鹿角粉（无问多少，各等分）。上九味，研，以细为佳。就中鹿角粉多少许无妨。

（三十一）熏衣湿香方五首

千金湿香方：沉香（三分）　零陵香　篾香　麝香（各六分）熏陆香（一分）　丁子香（二分）　甲香（半分，以水洗，熬）甘松香（二分）　檀香（一分）　藿香（二分）。上十味，粗捣下筛，蜜和为丸，烧之，为湿香熏衣。（出第六卷中）

《千金翼》熏衣湿香方：熏陆香（八两）　詹糖香（五两）览探　藿香（各三两）　甲香（二两）　青桂皮（五两）。上六味，先取硬者，粘湿，难碎者各别捣，或细切哎咀，使如黍粟，然后一一薄布于盘上，自余别捣，亦别于其上。有须筛下者，以纱，不得太细。别煎蜜，就盘上以手搜搦令匀，后乃捣之，燥湿必须调适，不得过度，太燥则难丸，太湿则难烧，易尽则香气不发，难尽则烟多，烟多则唯有焦臭，无复芬芳，是故香须粗细燥湿合度，蜜与香相称，火又须微，使香与绿烟共尽。（出第五卷中）

《备急》六味熏衣香方：沉香（一斤）　麝香（一两）　苏合香（一两半）　丁香（二两）　甲香（一两，酒洗，蜜涂微炙）　白胶香（一两）。上六味药，捣沉香令碎如大豆粒，丁香亦捣，余香讫蜜丸烧之，若熏衣，加艾纳香半两，佳。

又方：沉香（九两）　白檀香（一两）　麝香（二两，并和捣）丁香（一两二铢）　苏合香（一两）　甲香（二两，酒洗准前）薰陆香（一两二铢，和捣）　甘松香（一两，别捣）。上八味，蜜和，用瓶盛，埋地底，二十日出，丸以熏衣。

又熏衣香方：沉水香（一斤，锉，酒渍一宿）　簻香（五两，鸡骨者）　甲香（二两，酒洗）　苏合香（一两，如无亦得）　麝香（一两）　丁香（一两半）　白檀香（一两，别研）。上七味，捣如小豆大小，相和，以细罗罗麝香，纳中令调，以密器盛，封三日用之，七日更佳。欲熏衣，先于润地陈令浥浥，上笼频烧三两大佳火炷，笼下，安水一碗，烧讫止，衣于大箱中裹之，经三两宿后，复上所经过处，去后犹得半日以来香气不歇。（正观年中敕赐此方。）

（三十二）衣干香方五首

《千金》干香方：麝香　沉香　甘松香（各二两）　丁香　香（各一两）　藿香（四两）。上六味，合，捣下筛，用衣，大佳。（出第六卷中）

《千金翼》衣干香方：沉香　苜蓿香（各五两）　白檀香（三两）丁香　藿香　青木香（一两）　甘松香（各一两）　鸡舌香（一两）零陵香（十两）　艾纳香（二两）　崔头香（一两）　麝香（半两）。上十二味，各捣如黍粟麸糠，勿令细末，乃和相得。若置衣箱中，必须绵裹之，不得用纸。秋冬犹著，盛热暑之时，香速绝，凡诸香草不但须新，及时乃佳。若欲少作者，准此为大率也。（出第五卷中）

《备急》衣香方：藿香　零陵香　甘松香（各一两）　丁香（二两）。上四味，细锉如米粒，微捣，以绢袋盛衣箱中，南平公主方。

又方：泽兰香　甘松香　麝香（各二两）　沉香　檀香（各四两）　苜蓿香（五两）　零陵香（六两）　丁香（六两）。上八味，粗捣，绢袋盛，衣箱中贮之。

又方：麝香（研）　苏合香　郁金香（各一两）　沉香（十两）甲香（四两，酒洗，熬）　丁香（四两）　吴白胶香　詹糖香（六两）。上八味，捣，以绢袋盛，衣中香，妙。

参考文献

[1] [汉]司马迁.史记[M].北京：中华书局，1982.

[2] [汉]班固.汉书[M].北京：中华书局，1962.

[3] [南朝宋]范晔.后汉书[M].北京：中华书局，1965.

[4] [晋]陈寿.三国志[M].北京：中华书局，1982.

[5] [汉]许慎.说文解字[M].北京：中华书局，1963.

[6] [汉]刘熙.释名[M].上海：商务印书馆，1939.

[7] [汉]刘向.列女传[M].沈阳：辽宁教育出版社，1998.

[8] [晋]崔豹.古今注[M]//四库笔记小说丛书.上海：上海古籍出版
     社，1992.

[9] [清]彭定求，沈三曾，等.全唐诗[M].北京：中华书局，1960.

[10] [唐]宇文氏.妆台记[M]//四库笔记小说丛书.上海：上海古籍
     出版社，1992.

[11] [五代]马缟.中华古今注[M]//四库笔记小说丛书.上海：上海
     古籍出版社，1992.

[12] [宋]李昉.太平御览[M].北京：中华书局，1960.

[13] [南朝宋]郭茂倩.乐府诗集[M].北京：中华书局，1979.

[14] [唐]段公路.北户录[M].上海：商务印书馆，1941.

[15] [唐]段成式.西阳杂俎[M].北京：中华书局，1981.

[16] [后晋]刘昫.旧唐书[M].北京：中华书局，1975.

[17] [宋]欧阳修，宋祁.新唐书[M].北京：中华书局，1975.

[18] [汉]刘安等.淮南子[M].陈广忠注.北京：中华书局，2012.

[19] [北魏]贾思勰.齐民要术[M].石声汉校释.北京：中华书局，
     2009.

[20] [明]梅鼎祚.青泥莲花记[M].合肥：黄山书社，1996.

[21] [晋]葛洪.肘后备急方校注[M].沈澍农校注.北京：人民卫生

出版社，2016.

[22] [唐]孙思邈.备急千金要方[M].北京：中医古籍出版社，1997.

[23] [唐]王焘.外台秘要方校注[M].高文柱校注.北京：学苑出版社，2010.

[24] 韩养民.中国风俗文化学[M].西安：陕西人民教育出版社，1998.

[25] [俄]普列汉诺夫.论艺术[M].北京：生活·读书·新知三联书店，1973.